視聴者がグングン増える！
撮影・編集・運営テクニック

You Tuber
ユーチューバー

の教科書

インプレス

著者プロフィール

大須賀 淳（おおすが じゅん）

1975年生、福島県出身。映像作家、音楽家。企業ビデオ等様々な映像・音楽コンテンツを制作すると同時に、書籍や雑誌での執筆、大学やeラーニング等での講師、製品デモなども数多く務める。2014年、日本初のシンセサイザードキュメント映画「ナニワのシンセ界」を監督。近著は「Adobe Premiere Pro超効率活用術」（玄光社）ほか。

Twitter ：@jun_oosuga
YouTube：https://www.youtube.com/c/
　　　　　studionekoyanagi

■本書の前提

　本書は2021年8月現在の情報をもとに、Windows、iPhone、Android端末などのデバイス及びアプリを使用して解説しています。画面の表示は画面解像度や、OS・アプリのアップデートによって変わることがあるので、ご注意ください。

はじめに

　一個人から大企業、さらには政府機関にいたるまで、あらゆる立場や局面における「動画を使った発信」は今や当たり前のものとして広く普及しています。この状況を作った立役者といえるのが、動画共有サービス「YouTube」です。

　YouTubeは、2005年のサービス開始から17年以上の歴史があります。中でも2006年に世界最大級のIT企業の一つであるGoogleに買収されてからは、大規模な投資により他の追随を許さない巨大なプラットフォームへと成長を遂げました。2021年現在、全世界で約20億人ものアクティブユーザーがおり、日本においても約6,500万のユーザーがYouTubeで動画視聴を楽しんでいます。

　しかし、YouTubeがここまでシェアを拡大した理由は、大規模開発による豊富な機能・圧倒的な使いやすさといった面だけではありません。やはり大きいのは、自分が投稿した動画の視聴数に伴い、広告収入の分配などの形で収益を得られる点でしょう。動画コンテンツを投稿するクリエイターは、サービスの名を冠して「YouTuber」（ユーチューバー）と呼ばれ、今やスポーツ選手や芸能人を抜いて小学生のなりたい職業のトップともいわれるほど、その地位を築いています。

　一方、1分あたり500時間分もの動画がアップロードされているYouTubeでは、自分の動画をユーザーに視聴してもらうための工夫が欠かせません。魅力的な動画を投稿するために、映像や音声の収録・編集技術はもちろん、企画立案や動画を公開した後の宣伝といったマーケティング的な分野にいたるまでさまざまな知識を身に付ける必要があり、YouTuberとして継続した活動を行うにはかなりの労力を要する状況となっています。

　本書は、私が映像作家としてクリエイターの方々へ行ってきた講座のノウハウを基に、YouTubeのアカウント作成という超初歩的な部分から、広告収益の受け取り条件をクリアする中堅チャンネルまでの育て方、さらには「その先」を目指すためのヒントにいたるまで、YouTubeへの動画投稿に有効な情報や方法論を幅広く収録しています。YouTubeは日進月歩でアップデートされているため、本書の発売時点ですでに細かな違いが出ている可能性もありますが、この先何年か後でも十分に有効となる内容を意識して構成しています。

　皆さんが楽しいYouTuberライフの第一歩を踏み出すためのガイドとして、本書をご活用いただければ幸いです！

2022年2月

大須賀 淳

CONTENTS

PART 1 今さら聞けない!?
YouTubeの基本知識

PART 2 配信の要!
YouTube Studioを攻略

PART 3 目指せ登録1万人！ 響くテーマ・企画の考え方

PART 4 初心者でも確実にとれる！ 収録と機材のキホン

PART 5

視聴者を飽きさせない
動画編集のワザ

PART 8　ライブ配信でファンとの 関係を深めよう！

PART 1

今さら聞けない!?
YouTube の基本知識

動画メディアの覇者「YouTube」の概要

#Win #Mac #iPhone #Android

「YouTube」とは一体どんなサービスなのか？　なぜこんなに人気なのか？　分かっているようで意外と知らない、そんなYouTubeの基本についてチェックしてみましょう。

改めて知る「YouTubeとは？」

YouTubeは、Googleが運営する、インターネットを使った動画共有サービスです。個人から企業まで、誰でも自分の作った動画を無料で公開することができ、視聴者はそれらの動画を広告つきながら、事実上無料で視聴することができます。2020年代の今となっては当たり前のサービスですが、ほんの20〜30年前は映像コンテンツといえば電波やケーブルによるテレビ放送と、テープやディスクなどのパッケージしかありませんでした。YouTubeは「インターネット上での無料配信」という形をとることで、映像コンテンツの気軽な発信＆消費スタイルを事実上全ての人へと提供しました。さらにGoogleの検索サービスとも連携することで、人々が知りたい情報を「動画」という形で享受できるようにしました。21世紀のメディアのあり方を決定付けた存在といえるでしょう。

　中でも特筆すべきは発信のハードルを大きく下げたことです。元来動画の配信は、インターネットを使ったとしても、大きなコストと高度な技術が必要でした。運営元であるGoogleが天文学的な投資でYouTubeを無料で手軽に使えるサービスへと育て上げ、今や世界標準のインフラともいえる存在になりました。

パソコンのブラウザでYouTubeのトップページ (https://www.youtube.com/) にアクセスした際の画面。

YouTube を使うべき理由

　YouTube は無料で視聴できますが、動画の冒頭や途中に**広告が挿入**されます。YouTube はこの収益で運営されますが、一定の条件を満たした発信者には、収益が分配されます。また、録画・編集済みの動画に加え、**ライブ配信**（生放送）も可能。スマホでの気軽な投稿はもちろん、ある程度の機材とノウハウがあれば、放送局レベルでしか不可能だった番組が個人でも公開できます。さらに**8K動画**にも対応するなど、機能の面でも全動画サービスの牽引役的な位置にあります。ユーザー数も 2021 年 3 月現在で約 20 億人と膨大で、動画の公開を目指す人においては**YouTube を使わない理由の方が少ない**状況にあります。

▶ YouTube の特長

・視聴者は、広告付きなら無料で動画を視聴できる
・YouTuber は、無料で動画を投稿でき、条件を満たすと広告収益も得られる
・ほかの動画共有サービスよりも、群を抜いた知名度と機能を持っている

YouTube動画の再生画面。投稿は動画本体とタイトル・説明文といったテキストで構成され、複数言語の字幕に対応することも可能です。

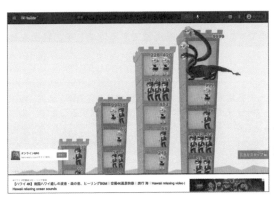

広告はYouTuberの収入源の一つになる大事な要素です。通常は一定時間視聴するまでスキップでききませんが、月額の「YouTube Premium」に加入すると、広告なしでの視聴も可能になります。

YouTubeを視聴できる機器

#Win #Mac #iPhone #Android

YouTubeを視聴できる機器 (デバイス) は多種多様です。それぞれの端末でどのような見え方になるかは、視聴者でいる限りはあまり気にならないことですが、動画を作る上では重要な要素となります。

さまざまな環境での見え方を意識する

テレビ放送やDVDやBlu-rayなどの媒体を使って映像を見る場合、フルスクリーンでの視聴が当たり前でした。一方、YouTubeなどのネット動画はブラウザ上の小さな枠内で再生されるのが基本なので、文字などの表示はそのサイズで読めるようにデザインするなど、ネット動画特有の方法論が生み出されました。YouTubeが登場してしばらくはパソコンからの視聴が中心でしたが、現在動画再生のメインステージは**スマートフォン** (スマホ) へと移っています。多くの場合はパソコンのブラウザ上よりもさらに小さく表示されるので、ますます**見え方への気配り**は必須となります。

なお、YouTubeの視聴環境は多様化の傾向も見せており、逆にテレビで視聴されることも多くなっています。当初、ネット動画はテレビ放送より解像度 (動画の画面サイズ) を小さくしたものが多数でしたが、それをテレビでフルスクリーン再生すると、かなり画質が粗くなってしまいます。全ての環境で完全な形を目指すのは大変ですが、少なくとも画面の大きさにかかわらず破綻せずに視聴できる状態に仕上げるよう、常に意識が必要です。YouTubeを視聴できる環境とその特徴を確認しておきましょう。

> **HINT**
> パソコン、スマホ、テレビといった各端末は、画面のサイズに加え、音の聴こえ方 (特にスマホやテレビの内蔵スピーカー) もかなり異なります。音も意識することで、より視聴者にやさしい動画を作ることができます。

パソコンとスマホにおける動画の見え方

YouTubeをパソコンで視聴するとき、大半は**Webブラウザ**での視聴です。また、同じブラウザでも、パソコン版のYouTubeサイトでの視聴と、ブログなどほかのサイトへの埋め込みで視聴する場合に分かれます。

iPhoneやAndroid端末では、**YouTubeアプリ**か**Webブラウザ**の視聴、またはTwitterなどの**SNSアプリ**やほかのWebサイトに埋め込まれている動画を視聴します。

パソコン版YouTubeでの再生画面。評価やコメントなど一部の機能は、YouTubeのWebサイト上でのみ使うことができます。

Androidの場合は最初からYouTubeアプリがインストールされていますが、iPhoneではApp Storeからダウンロードする必要があります。コメントなどの機能は、アプリ上でのみ使用できます。

YouTubeを視聴できる主なデバイスの一覧

パソコン	ほとんどの場合、Webブラウザ上で視聴されます。YouTubeの機能を（特にYouTubeサイト上からの再生なら）ほぼフルに使うことができ、複数の動画を同時に再生するなど自由度の高い使い方ができます。
スマホ／タブレット	YouTubeアプリ、及びWebブラウザ上から再生できます。再生される場としては圧倒的なトップである一方、原則として1本ずつの動画しか再生できないなど、パソコンより自由度は低くなります。
テレビ	テレビ本体にYouTube再生機能を備えたり、Apple TVなどのセットトップボックスをつないで視聴します。多くの場合で大画面でフルスクリーン再生され、1人よりも家族など複数人での視聴が中心となります。
ゲーム機	PlayStationシリーズなどいくつかの機種で、テレビでYouTubeを視聴するためのセットトップボックスとして利用できます。まだスマホを持っていない年齢の子どもなどの視聴も多くなります。

YouTubeのアカウントを作成する

#Win #Mac #iPhone #Android

YouTube は Google のサービスの一つとして提供されているため、Google アカウントでログインします。なお、YouTube だけで使用するアカウントを別途作成することも可能です。

動画制作の第一歩はログインから！

　YouTube は、動画を閲覧するだけなら（年齢制限のあるものなど一部を除いて）ログインは不要です。動画の投稿やほかの動画へのコメントなどを行う場合は、アカウントを取得してログインする必要があります。YouTube のアカウントは**Google アカウントと同一**のため、Gmail など、ほかの Google サービスで Google アカウントを利用している場合は、そのアカウントを利用できます。YouTube のトップ画面で「ログイン」をクリックして Google アカウントとパスワードを入力し、ログインしましょう。なお、ほかの Google サービスで Google アカウントにログインした状態で YouTube にアクセスすると、**YouTube でも自動的にログイン**されます。

　Google アカウントを新規作成する場合、YouTube のトップ画面 (https://www.youtube.com) で「ログイン」をクリックし、「アカウントを作成」をクリックします。画面の指示に従って、アカウントを取得しましょう。

Google
ログイン
YouTube に移動
メールアドレスまたは電話番号
メールアドレスを忘れた場合
ご自分のパソコンでない場合は、ゲストモードを使用して非公開でログインしてください。詳細
アカウントを作成　　　　　　　　　次へ

ログインするには、YouTube 上のプロフィールアイコンをクリックして「ログイン」をクリックし、Google アカウントとパスワードを入力します。新規作成する場合は、「アカウントを作成」をクリックします。

アカウントとチャンネル

動画を再生していると、「チャンネル登録をお願いします」という呼びかけや表示を見聞きすることはありませんか？ **チャンネル**とは、動画の管理を行う場所のことです。自分で制作した動画をアップロードしたり、登録した他人のチャンネルを表示して動画にアクセスしやすくしたりできます。

Google アカウントでログインすると、チャンネルを作成できます。Google のアカウントを本名で登録しており、YouTube 上では本名を公開したくない……。という場合は、チャンネル名を変更することも可能です。ここで設定するチャンネル名はあくまで YouTube 専用なので、チャンネル名を変更したり、チャンネルの画像を変更したりしても、ほかの Google サービスには反映されません。

1 つの Google アカウントに複数のチャンネル（**ブランドアカウント**）を作ることも可能です。メインチャンネルとは別に仕事用のチャンネルを作ったり、動画のテイストを変えたサブチャンネルを作ったりしたい場合は、ブランドアカウントを作りましょう。また、閲覧履歴やお気に入り登録もアカウントごとに分かれます。プライベートで動画視聴を行うアカウントと、動画投稿用のアカウントを分けるのもおすすめです。

> **HINT**
>
> YouTube アカウントには、コメントの書き込みや視聴履歴などが記録されます。アカウントの切り替え忘れに注意しましょう。

YouTube チャンネルを新規作成する

YouTube を開く

❶プロフィールアイコンをクリック

❷「チャンネルを作成」をクリック

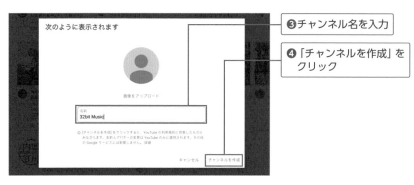

❸チャンネル名を入力

❹「チャンネルを作成」を
クリック

チャンネルが作成された

▶ チャンネル（ブランドアカウント）を追加する

❶プロフィールアイコン→
「設定」をクリック

❷「新しいチャンネルを
作成する」をクリック

新しいチャンネル名を入力
し、「作成」をクリックする
と追加のチャンネルが作成
される

本人確認をする

YouTube では、スパムや不正行為を防止するため、電話番号を利用した**本人確認**が必要です。本人確認を行うことによって、以下の機能が使えるようになります。本人確認を行うには、専用ページ（https://www.youtube.com/verify）にアクセスし、SMS で確認コードを受信するか、電話で音声メッセージを受信します。

▶ 本人確認によって使用できる機能

・15 分を超える動画のアップロード
・カスタムサムネイルの追加
・ライブ配信
・コンテンツ ID の申し立てに対する再審査請求

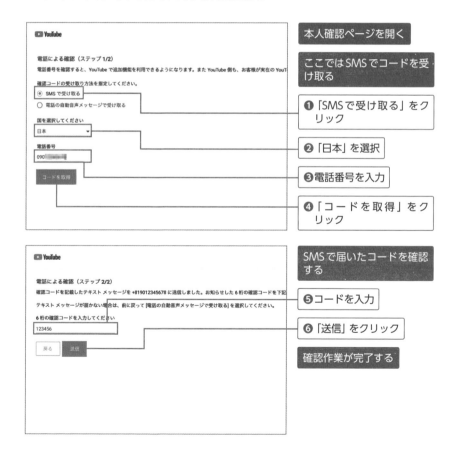

本人確認ページを開く

ここではSMSでコードを受け取る

❶「SMSで受け取る」をクリック

❷「日本」を選択

❸電話番号を入力

❹「コードを取得」をクリック

SMSで届いたコードを確認する

❺コードを入力

❻「送信」をクリック

確認作業が完了する

知っておくべき YouTubeの基本機能

#Win #Mac #iPhone #Android

 YouTubeは、動画の投稿・閲覧だけではなく、さまざまな機能が用意されています。ここでは、基本として知っておきたい代表的な機能を紹介します。

視聴者もさまざまなアクションが可能

　YouTubeで動画を投稿するにあたり、視聴者側のアクションも知っておく必要があります。まず意識してほしいのは、前項でも解説した**チャンネル登録**です。

　YouTubeの動画で多くの再生数を集めるには、個々の動画はもちろんチャンネル自体に多くのファンを付けることが大切。たとえ数本の大ヒット動画があっても、チャンネル登録数が規定に至らないと広告収益が得られず、また再生数も安定しません。個々の動画を作る際は、それ自体の面白さはもちろん、**視聴者にチャンネル登録をしてもらい、新作動画の情報を継続的に受け取ってもらえるよう意識する**ことが非常に大切になります。この先、本書を読み進める上でも、この点を念頭に置いてください。

　YouTubeでは、チャンネル登録以外にも視聴者がさまざまなリアクションをとることができます。特に重視したいのは**評価**です。高評価が多く付くと、**おすすめ**に表示されやすくなります。文章による**コメント**も可能で、視聴者の感想や指摘内容を確認できます。**共有**では動画をSNSに投稿したり、動画のURLをコピーしたりできます。

> **HINT**
> 自分自身（そのときログインしているアカウント）が投稿した動画には、他人の動画を再生する際には表示されない、動画編集ボタンなどが表示されます。

▶ チャンネル登録

　視聴者は、動画の再生画面にある**チャンネル登録**を押すと、そのアカウントが新たに動画を投稿した際に通知を受け取れます。チャンネル登録者数は、YouTuberにとって最大のステータスの一つです。

「チャンネル登録」をクリックして登録すると、新しい動画が投稿されたときに通知されます。また、YouTubeの「登録チャンネル」に表示されるようになり、アクセスしやすくなります。

▶ 評価

　動画に対して**高評価**または**低評価**のリアクションを付けられます。高評価の数が多い動画は、視聴者のおすすめに表示されやすくなるなどのメリットがあります（2021 年 11 月以降、低評価の数は投稿者以外のユーザーには表示されません）。

競合チャンネルの排除やいたずらを目的に押す人もいるため、多少の低評価が付いたからといって気にする必要はあまりありません。

▶ コメント

　現在ログインしているアカウントの名義で、**コメント**を投稿できます。コメントは、チャンネルの管理者の判断により削除することも可能です。

正当な意見はともかく、極端に心無いコメントは削除もできます。動画を投稿したら、コメントも細かくチェックしましょう。

▶ 共有

動画を SNS でシェアしたり、URL をコピーしてメールなどで送ったりしたいときは**共有**を行いましょう（P.227 参照）。

Twitter や Facebook、自分の Web サイトなどに共有できます。

「チャンネル」画面で設定できる項目

「チャンネル」画面は、視聴者が自分の動画作品に興味を持って訪れてくれた際の**玄関**となる存在です。さらに興味を深めてもらってチャンネル登録につながる可能性があるので、設定可能な項目はなるべく設定しましょう。「ホーム」「動画」「再生リスト」「コミュニティ」「チャンネル」「概要」で構成されています。

各動画の再生画面の左下には、チャンネル名と現在のチャンネル登録者数が表示されます。ここをクリックすると、チャンネルの「ホーム」画面に移動できます。

▶ プロフィールアイコン・バナー・おすすめの動画・再生リスト

プロフィールアイコン、バナーなどのグラフィック要素はチャンネルの雰囲気作りに寄与します。また、**「ホーム」**画面におすすめの動画や再生リストを置いておくと、さらなる視聴につながります（P.39 参照）。

チャンネルの顔となる画像や動画を配置しましょう。チャンネルのブランド向上には、ここのメンテナンスが不可欠です。

▶ 概要

「概要」画面にはチャンネルの説明や、YouTube 以外の SNS・Web サイトへのリンクを設置できます。ファンとしてのさらに強い結び付きを作ったり、企業や店舗であれば商品の購入にもつながる可能性があります。

設定したリンクは「概要」画面に
表示されるほか、バナーの右側に
アイコンとして表示されます。

> **HINT**
>
> 「コミュニティ」画面では、SNS のように
> メッセージを発信できます。動画の投稿だ
> けではない、視聴者とのより細かなコミュ
> ニケーションにつながる機能です。

複数の動画をまとめる「再生リスト」

再生リストには、自分の動画はもちろん**ほかの YouTuber の動画も含める**ことができます。自分のチャンネルの目次としての役割はもちろん、視聴者に便利なリンク集として使ってもらうことも可能です。

再生リストは、URL を知っている人のみ再生できる**限定公開**、自分だけがアクセスできる**非公開**などの公開設定もできます。料理のレシピや、お気に入りの演奏動画集など、自分だけのブックマークとして作ってもよいでしょう（P.216 参照）。

再生リストを作成するコツは、
テーマの近い動画を集めること。
同様のテーマなら視聴者に興味を
持ってもらいやすいため、過去の
動画でも再生されやすくなります。

YouTubeに投稿できる
動画のサイズとは？

#Win #Mac #iPhone #Android

YouTubeは、ポピュラーな横16：縦9の比率の横長動画以外にも、さまざまな比率の動画をアップできます。投稿する動画に向いている画面サイズを選びましょう。

スマホ視聴を意識した画面作りを！

テレビ放送がデジタル化された2000年代半ば以降、大部分の動画の縦横比（**アスペクト比**）は横16：縦9の横長が主流になっており、YouTubeでも基本のサイズとなっています。しかし、この比率はある程度の大画面で動画を視聴する場合を想定したものです。現在、YouTube動画視聴の**7割はスマホ**から行われているといわれており、しかも多くの場合は**縦に持って**視聴されています。このスタイルで比率16：9の動画を視聴すると、画面全体の3分の1程度の小さな表示になってしまい、迫力や見やすさが大きく削がれてしまうのです。

実は、YouTubeはさまざまなサイズの動画を投稿することができます。動画の内容によって向いている画面の比率があるので、最適な動画サイズを選びましょう。例えばスマホでの視聴に特化したいと考えているなら、縦持ちでより大きく表示される形にするのも得策です。

スマホを横に持ったときの動画表示サイズ。縦に持つより大きく表示されます。

スマホを縦に持ったときの動画表示サイズです。

よく使われる動画のアスペクト比

▶ 16：9

現在の映像のスタンダードは**16：9**の比率です。この比率は大画面で視聴者の視野をカバーし、迫力ある映像を見せることに向いています。動画制作時、特に理由がない場合は16：9で制作しましょう。

1920 × 1080 ピクセル（フルHD）、1280 × 720 ピクセル（HD）、3840 × 2160 ピクセル（4K）がよく使われます。ちなみに8Kは7680 × 4320 ピクセルです。

▶ 4：3

4：3の比率は、デジタル化以前のテレビ放送の標準比率です。多数の文字や図といった情報をレイアウトする場合に向いています。プレゼンテーションのスライドなどでは今でも多用されています。

640 × 480 ピクセル、1440 × 1080 ピクセルなどがよく使われます。

> **HINT**
> 各比率は、撮影時にカメラで設定する以外に、編集時に切り抜きなどによって作られる場合もあります。

▶ 1：1

　1：1の正方形の比率は、スマホを縦に持って再生したとき、横長の16：9よりも大きなサイズで表示されます。SNSやブログなどに動画を埋め込み、料理や風景などを強調して見せたい場合に向いています。

1080 × 1080ピクセル、720 × 720
ピクセルがよく使われます。

▶ 9：16

　スマホを縦に持って撮影したときは、多くが**9：16**の縦長の比率になります。縦持ちのスマホでフルスクリーン再生ができるという利点があり、人物を強調したり、ファッションの紹介をしたりといった用途でよく使われています。

1080 × 1920ピクセル、720 × 1280
ピクセルがよく使われます。

動画を投稿してみよう！ パソコン編

#Win #Mac #iPhone #Android

「動画投稿は難しそう……」と感じている方も、実際にやってみることで、心理的なハードルはずいぶん下がります。ここでは、ざっくりとした投稿の流れをご説明します。

ブラウザからの投稿が基本

　パソコンからYouTubeに動画投稿を行う場合は、**パソコンのブラウザ上から行います**。一部の動画編集ソフトなどには直接YouTubeに投稿する機能が搭載されていますが、設定する項目自体はどれもは同じなので、ブラウザ投稿で基本の流れを把握するとよいでしょう。なお、練習で動画をアップロードする場合であっても、例えばテレビなどから録画した動画を使うと**著作権法違反のペナルティ**が付いてしまう危険性があります。自分で撮影した動画を使いましょう。

　設定する項目はそれなりの数がありますが、ほとんどは省略したり適当に選択しても投稿自体は可能です。本書では、以降の章でそれぞれの項目を戦略的に設定していく際のポイントを紹介していきますが、まずはどのような項目があるかを認識しておきましょう。なお、練習でアップロードした動画をほかの人に視聴されたくない場合は、公開範囲の設定に特に注意してください。

HINT

YouTubeでは、動画を1つアップロードすれば、視聴環境に合わせて自動的にサイズが調節されます。さまざまなサイズの動画をわざわざ作る必要はありません。再生中の動画の解像度を切り替えるには、動画プレーヤー右下の「設定」→「画質」をクリックします。

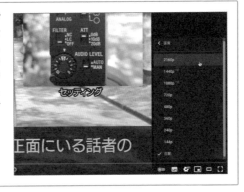

動画アップロードの流れ

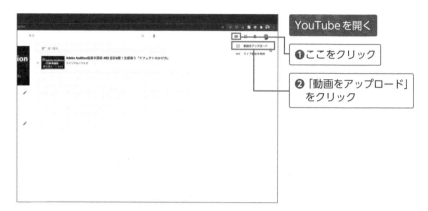

YouTubeを開く

❶ここをクリック

❷「動画をアップロード」
をクリック

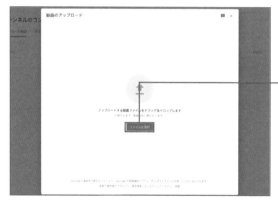

「動画をアップロード」
画面が表示される

❸ 画面内にファイルをド
ラッグ＆ドロップ、また
は「ファイルを選択」か
ら動画ファイルを選択

ファイルのアップロードや公開用
の処理の進行が、パーセンテージ
で表示されます。100％になるま
で待ちましょう。なお、100％に
達する前でもタイトルや説明文な
どは入力可能です。

PART 1

詳細

タイトル (必須)
m01

説明 ?
視聴者に向けて動画の内容を紹介しましょう

► ◄» 0:00 / 0:16 ⚙ ⛶

動画リンク
https://youtu.be/yEQ4FnXyyyQ

ファイル名
m01.mp4

サムネイル
動画の内容がわかる画像を選択するかアップロードします。視聴者の目を引くサムネイルにしましょう。詳細

🖼
サムネイルをアップロード

アップロード処理が完了すると、再生確認用のプレーヤーが表示されます。サムネイルの設定や各情報を入力して、動画を公開しましょう。

動画の情報を設定していざ公開！

　動画の看板となる**タイトル**や**内容**、**サムネイル**の設定について解説します。

　タイトルは仮としてファイル名が入力されているので、動画の内容に沿ったタイトルに変更しましょう。

　サムネイルとは、動画を一覧表示する際に用いられる縮小した画像のことです。その動画がどんな内容を扱っているのか、ひと目で視聴者に説明する意味を持ちます。動画の中から自動で3枚ピックアップされるのでその中から選択するか、自分で制作したサムネイル画像（**カスタムサムネイル**）を設定することも可能です。カスタムサムネイルは本人確認（P.17参照）後に利用可能になります。

　同じ画面には**子ども向け動画**についての設定と、**年齢制限**の設定項目があります。子ども向けの動画にすると、さらに内容の制限が多くなります。例えば暴力や性的なテーマを含む動画は子どもの視聴に不適切として措置がとられる場合がありますが、その判断基準は明確ではありません。通常は両方とも「いいえ」を選ぶのが無難です。

❶動画のタイトルを入力

❷説明文を入力

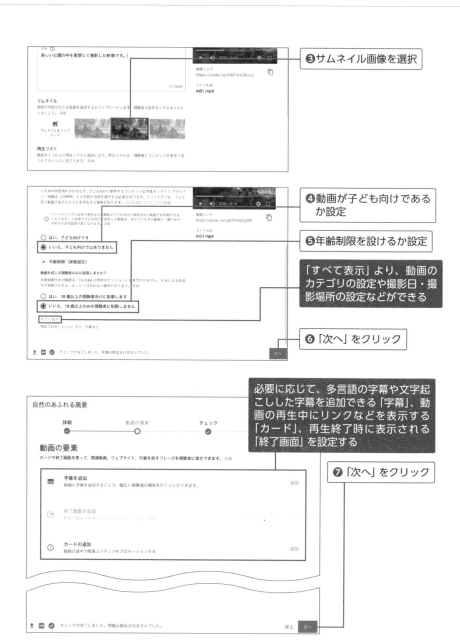

❸サムネイル画像を選択

❹動画が子ども向けであるか設定

❺年齢制限を設けるか設定

「すべて表示」より、動画のカテゴリの設定や撮影日・撮影場所の設定などができる

❻「次へ」をクリック

必要に応じて、多言語の字幕や文字起こしした字幕を追加できる「字幕」、動画の再生中にリンクなどを表示する「カード」、再生終了時に表示される「終了画面」を設定する

❼「次へ」をクリック

❽動画内の映像や音楽に著作権の侵害がないか自動チェックされる

不本意な結果が表示された場合は、再審査を請求することも可能

❾「次へ」をクリック

❿公開範囲を設定

必要に応じてスケジュールを設定する

⓫「保存」をクリック

動画が公開状態となり、表示されるアドレスで閲覧可能となります。ここまでで設定した内容は、動画そのものを除き、後からでも変更できます。

動画を投稿してみよう！
スマホ編

#Win #Mac #iPhone #Android

iPhoneやAndroidといったスマホでは、YouTubeアプリから投稿を行います。基本の流れはパソコンと同じなので、異なる部分を重点的に解説します。

スマホの利点は「その場で撮影できること」

　スマホのYouTubeアプリは、動画の閲覧だけでなく、投稿も手軽にできる仕様になっています。これは、閲覧はもちろん**ユーザーに動画を投稿してもらう**ことをYouTubeが重視している、ということの表れといえるでしょう。基本的な流れはパソコンと同一ですが、項目の表示などが整理されている分、アプリ版の方が初心者でも扱いやすいかもしれません。

　アプリ版最大の特長は、その場で撮影した動画を**手軽にアップロードできる**という点です。パソコンからの投稿と違い、サムネイルの選択など細かな設定はできませんが、**最低限の投稿はスマホだけで完結する**ことも可能です。なお、2021年8月時点では、**ショート動画**のベータ版が公開されています。これは、スマホで撮影した60秒以内の縦型の動画を投稿できる機能で、音楽やフィルター、テキストなどを動画に付与できます。以下手順の「ショート動画を作成」から撮影・投稿できるほか、「動画をアップロード」でスマホを縦にして撮影した動画を選ぶと、ショート動画用にカットなどの編集ができます。

YouTubeアプリを起動する

❶ここをタップ

❷「動画のアップロード」をタップ

❸端末内の動画を選ぶ

作成　　　　　　　　　　　　✕

↑　動画のアップロード

∞　ショート動画を作成　　　ベータ版

((•))　ライブ配信を開始

✕　アップロード

0:19　　0:21　　0:25
0:12　　0:13　　0:14

❹動画の内容を確認

❺「次へ」をタップ

次へ

0:12

大須賀淳
joosuga@gmail.com

タイトル（省略可）
タイトルを入力
　　　　　　　　　　　　　0/100

🖊　説明を追加　　　　　　　＞

🌐　公開

📍　場所　　　　　　　　　　＋

≡₊　再生リストに追加

手順❸でスマホを縦方向にして撮影した動画を選択すると、この画面で「カット」などショート動画用の編集機能を利用できます。

以降はタイトルや公開状態など、パソコンからの投稿と同じ項目を設定して投稿します。

31

YouTubeはテレビ放送より高性能⁉

　YouTubeは、視聴、投稿いずれも手軽であることで注目されやすいのですが、実は**最先端の技術もサポート**しています。例えば、従来よりも非常に高精細な映像が視聴できる**4Kや8K、HDR**（ハイダイナミックレンジ）などの動画。テレビ放送では衛星放送の一部でしか対応していない4Kや8Kなどの動画が、YouTubeにはすでに多数公開されています。

　ネット配信は、制作から受信までさまざまな整備が必要な「放送」と違い、新しいテクノロジーに対応しやすいという特長があるのです。中でもネット配信最大規模のYouTubeでは、早い時期から新しい技術を利用できる傾向があるということは、覚えておくべきでしょう。先に説明した技術のほかにも、ほんの少し前まではテレビ局しかできなかった**生放送**も、YouTubeではテレビ放送を超える画質で（しかも無料で！）行えます。視聴者が好きな方向にカメラを向けて視聴できる**360°のVR動画**も、YouTube上で簡単に視聴および公開できます。すぐに予定はなくとも、視聴者を増やすための将来的な可能性の一端として、このような先進的なコンテンツも視聴しておくことをおすすめします。

専用ゴーグルのほか、パソコンやスマホの画面でも上下左右の好きな方向を視聴できる360° VR動画。一見難しそうですが、専用カメラを使えば、誰でも簡単に投稿可能です。手軽なものでは、数万円で購入できます。

PART **2**

配信の要！
YouTube Studio を
攻略

SCENE 01 YouTuberには必須の ツール「YouTube Studio」

#Win #Mac #iPhone #Android

投稿済みの動画や、自分のチャンネルの管理・収益化設定などをまとめて行える「YouTube Studio」。継続してチャンネルを運営、発展させるために欠かせないツールです。

チャンネルの分析やメンテナンスも欠かさずに

　YouTubeチャンネルを運営するなら、過去に投稿した動画の管理や閲覧状況の把握、チャンネル全体の設定やメンテナンスも重要です。これらをまとめて行うことができるツールが**YouTube Studio**です。パソコンの場合は特別な操作は必要なく、YouTubeのWebサイト上（トップページ以外でも可能）のメニューから表示できます。一方スマホでは、専用アプリからのアクセスとなります。次ページを参考に、アプリを入手しておきましょう。

パソコンのブラウザ上で表示するには、YouTube上のプロフィールアイコンをクリックし、「YouTube Studio」をクリックします。

▶「ダッシュボード」で状況を把握する

YouTube Studio内で最も頻繁にチェックすることになるのが、最初に表示される「**ダッシュボード**」画面でしょう。ここでは、視聴者のアクセス数やコメントの状況などをざっくりと把握できます。各々の詳細画面をチェックする時間がないときでも、投稿した動画は現在どのような傾向にあるのか、またどんな施策が必要になるかなどを認識するよう習慣付けましょう。

「ダッシュボード」画面にはいくつかのカードが表示されます。最新の動画の再生状況やコメント、チャンネル全体の情報、重要なお知らせなどが表示されるので、こまめにチェックしましょう。

▶スマホからアクセスする

スマホの場合は**YouTube Studioアプリ**がありますが、使用できる機能が限定されています。全ての機能にアクセスできること、一度に表示できる情報量が多いことから、できるだけパソコン（ブラウザ版）での利用をおすすめします。

YouTube Studio
料　金：無料
開発者：Google LLC

iPhone　　Android

各種機能は、「≡」をタップして表示されるメニューからアクセスできます。

SCENE
02　投稿した動画を管理しよう

#Win #Mac #iPhone #Android

すでに投稿済みの動画は、YouTube Studioからタイトルや説明内容の変更、公開状態の変更、ファイルとしてのダウンロード、削除などを行えます。

「コンテンツ」で既存動画を一括管理

　「ダッシュボード」画面がチャンネル全体の状態を大まかに把握できるのに対し、個々の投稿済み動画への編集の入り口となるのが**「コンテンツ」**画面です。投稿済み動画が新しいものから順に並んでおり、それぞれの動画の再生数などを確認できると同時に、さまざまな施策を実行できます。全ての視聴者が確認できるYouTubeチャンネル上には、公開状態になっている動画しか表示されません。それに対してYouTube Studioの「コンテンツ」画面には、**非公開状態まで含めた全ての動画が表示**されます。

　「コンテンツ」画面では、アップロードした動画の一覧や視聴回数などが一覧で表示されます。タイトルを編集したり、公開設定を変更したりといった操作が可能です。動画のサムネイル左にあるチェックボックスにチェックを入れると、複数の動画を選択した上で一括編集が可能です。

　編集で注意したいのが**削除**の操作です。一度誤って削除してしまうと、再生ページは復活できません。元のファイルがあったとしても、新しく投稿すれば全てリセットされた状態となってしまいます。削除については特に慎重に行ってください。

「コンテンツ」画面は、左側のメニューから「コンテンツ」をクリックすると表示されます。なお、スマホのYouTube Studioアプリに「コンテンツ」機能はありません。

各動画の詳細を確認・設定する

各動画にマウスポインタを合わせると、各機能のアイコンが表示されます。アイコンをクリックすると、**各機能のページに移動**します。

▶ 各アイコンの内容

オプション

動画に対して各操作を実行する（下の画像参照）

YouTubeで見る

YouTubeの再生ページへ移動

詳細

タイトルなどを編集する「動画の詳細」画面へ移動

アナリティクス

アクセス状況などを分析する「動画の分析情報」画面へ移動

コメント

コメント一覧を表示する「動画のコメント」画面へ移動

▶ オプションの各機能

上の画像でオプション（「：」）アイコンをクリックすると、以下の各機能を実行できます。

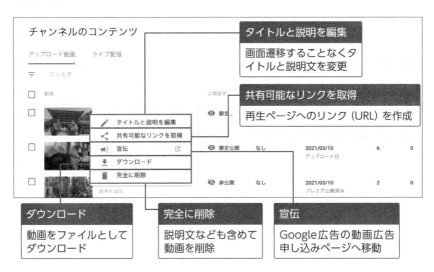

タイトルと説明を編集

画面遷移することなくタイトルと説明文を変更

共有可能なリンクを取得

再生ページへのリンク（URL）を作成

ダウンロード

動画をファイルとしてダウンロード

完全に削除

説明文なども含めて動画を削除

宣伝

Google広告の動画広告申し込みページへ移動

▶ 公開設定の変更

各動画の「公開設定」をクリックすると、ほかの視聴者が動画にアクセスできる範囲を変更できます。

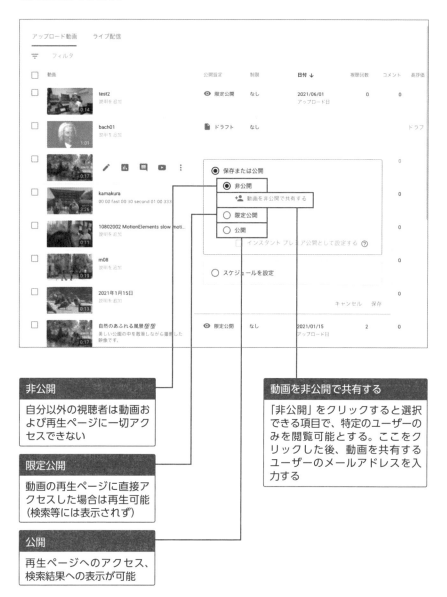

非公開

自分以外の視聴者は動画および再生ページに一切アクセスできない

限定公開

動画の再生ページに直接アクセスした場合は再生可能（検索等には表示されず）

公開

再生ページへのアクセス、検索結果への表示が可能

動画を非公開で共有する

「非公開」をクリックすると選択できる項目で、特定のユーザーのみを閲覧可能とする。ここをクリックした後、動画を共有するユーザーのメールアドレスを入力する

チャンネルの細部を
設定して登録数を上げよう

#Win #Mac #iPhone #Android

チャンネル自体もネーミングや説明文、デザインなどが重要な要素となります。チャンネルの編集は、YouTube Studioの「カスタマイズ」から行います。

チャンネルを「意識的に」作り込む！

　動画の再生数を安定して伸ばすために不可欠なのが、視聴者に**チャンネル登録**をしてもらうこと。せっかく動画を気に入ってもらっても、放っておくとなかなか登録操作に進んでくれません。またチャンネルの「ホーム」画面にアクセスしてもらっても、ほかにどのような動画があるかが分かりづらいと、すぐに離脱されてしまいます。個々の動画と同じくらい、**チャンネル自体に魅力を感じてもらう**ことが重要です。

　チャンネルに関する設定をまとめて行えるのが、YouTube Studioの**「カスタマイズ」**画面です。チャンネルの名前や説明文をはじめ、プロフィールアイコンやバナーといった各種画像、「ホーム」画面のレイアウトなどを設定できます。名前や各画像で**ブランドの雰囲気を統一**することはもちろん、おすすめの動画をチャンネルの最上部に配置するなど、細かいコントロールが可能です。視聴者の反応も確認しつつ、こまめに改良を重ねるとよいでしょう。

「カスタマイズ」画面は、左側のメニューから「カスタマイズ」をクリックすると表示されます。なお、スマホのYouTube Studioアプリに「カスタマイズ」機能はありません。チャンネル名などの一部機能のみ、YouTubeアプリで編集できます。

「ホーム」画面をカスタマイズしよう

　チャンネルの「ホーム」画面上部には、おすすめの動画を埋め込み、アクセスした視聴者向けに自動再生する機能（**動画スポットライト**）があります。この動画は、チャンネル登録済みの視聴者と登録前の視聴者で別の動画を設定できます。このほか、テーマに沿って動画や再生リストを配置できる**セクション**も設定できます。これらの設定は「カスタマイズ」画面の「**レイアウト**」から行います。

自動再生される動画（動画スポットライト）

セクション

動画スポットライトを設定する

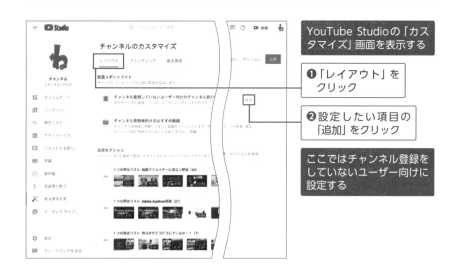

YouTube Studioの「カスタマイズ」画面を表示する

❶「レイアウト」をクリック

❷設定したい項目の「追加」をクリック

ここではチャンネル登録をしていないユーザー向けに設定する

❸動画一覧から選択

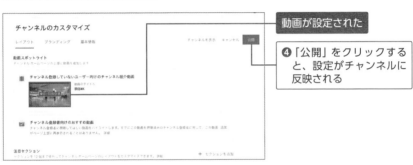

動画が設定された

❹「公開」をクリックすると、設定がチャンネルに反映される

セクションをカスタマイズする

セクションは、特定のカテゴリで動画をグループ化して表示する機能です。人気の動画など、おすすめの動画を「ホーム」画面に設定することで、さらなる視聴の機会を増やすことができます。**再生リスト**や自分の**サブチャンネル**などもセクションとして登録できます。

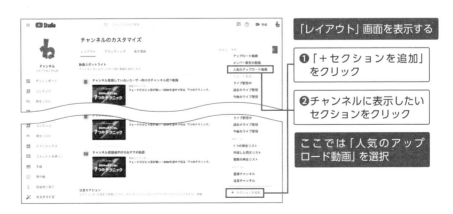

「レイアウト」画面を表示する

❶「＋セクションを追加」をクリック

❷チャンネルに表示したいセクションをクリック

ここでは「人気のアップロード動画」を選択

セクションが追加され、選択した内容に応じた動画が自動的に表示されます。セクションは複数追加でき、それぞれ「＝」アイコンをドラッグすることで順番を入れ替えられます。

チャンネルの画像を設定しよう

チャンネル名の顔となる**プロフィールアイコン**、**バナー画像**を設定しましょう。いずれも「カスタマイズ」画面の「**ブランディング**」から設定可能です。いずれも強力なブランディングの要素となりますので、初期状態のままにせず、必ず変更しましょう（詳細はP.218参照）。

プロフィールアイコンを設定する

プロフィールアイコンとは、チャンネル名やコメントの先頭に表示される円形のアイコンのことです。チャンネルのアイコンとして小さく表示される場合が多いので、小サイズでも内容が分かる画像がおすすめです。なお、設定した画像はYouTubeだけなく、Googleアカウント自体のプロフィールアイコンとして設定されます。

▶ **プロフィールアイコンに使用する画像の条件**

・ファイル形式：PNG、JPG、GIF、BMP（アニメーション GIF は不可）
・ファイルサイズ：4MB 以下
・画像サイズ：98×98 ピクセル以上（推奨サイズは 800×800 ピクセル）

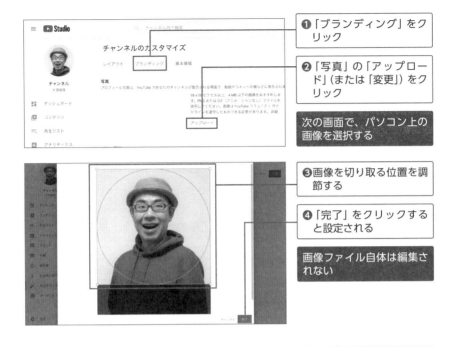

❶「ブランディング」をクリック

❷「写真」の「アップロード」(または「変更」)をクリック

次の画面で、パソコン上の画像を選択する

❸画像を切り取る位置を調節する

❹「完了」をクリックすると設定される

画像ファイル自体は編集されない

バナー画像を設定する

バナー画像とは、チャンネルの上部に表示される長方形の画像のことです。

画像の内容を確実に表示できるエリアは1235 × 338 ピクセル内となり、それより外の部分は、視聴端末によっては省略されることもあります。表示範囲を確認しながら設定しましょう。

▶ バナー画像に使用する画像の条件

・ファイルサイズ：6MB 以下
・画像サイズ：2048×1152 ピクセル以上
・安全領域：1235×338 ピクセル内

「ブランディング」画面の「バナー画像」にある「アップロード」(または「変更」)から設定画面に入ります。

動画に透かしを追加しよう

　「ブランディング」画面では、**動画の透かし**を設定することもできます。動画の透かしとは、再生中の動画の右下に表示される画像のことで、少し透過された状態で表示されます。ここにチャンネルのロゴを入れておくと、アイコンの役割を果たし、どのチャンネルを視聴しているかが視聴者に分かりやすくなります。また、視聴者がこの画像にマウスポインタを合わせる（またはタップする）と「チャンネル登録」ボタンが表示されるので、登録へ誘導することも可能です。細かい部分ですが、ブランディングの一環として設定することをおすすめします。

▶ 動画の透かしに使用する画像の条件

・ファイル形式：PNG、JPG、GIF、BMP（アニメーション GIF は不可）
・ファイルサイズ：1MB 以下
・画像サイズ：150×150 ピクセル以上

動画の透かし
透かしは、動画再生時に、動画プレーヤーの右隅に表示されます

表示タイミング ⑦
◯ 動画の最後
◯ 開始位置を指定
◉ 動画全体

登録

▶ ▶| ◀))   ✿ ▭ ⛶   変更   削除

プロフィールアイコンやバナー画像同様、「ブランディング」画面の「動画の透かし」にある「アップロード」（または「変更」）から設定します。画像設定後、透かしの表示タイミングを変更できます。「動画全体」にすると、動画再生中常に表示させておくことができます。

シンプルに「登録」と書いた正方形の画像を設定しました。視聴の邪魔にならない範囲で、意図が伝わりやすい画像がおすすめです。

チャンネルの基本情報を設定しよう

チャンネルの名前と**チャンネルについての説明文**を設定できるのが「カスタマイズ」画面の**「基本情報」**です。どんなチャンネルなのか視聴者に認識してもらい、チャンネル登録につなげましょう。

なお、ここでは**カスタムURL**や**ほかのWebサイトのリンク**を追加することもできます。これらの機能を使って、チャンネルを多角的にアピールしましょう。

チャンネル名と説明文を編集する

チャンネルの名前は認知の大切な要素となるので、むやみに変更せず、**固定で使える名前**を設定しましょう。逆に説明文は動画の再生状況に応じて、随時**こまめに調節する**のもよいでしょう。説明文はチャンネルの「概要」画面に表示されます。

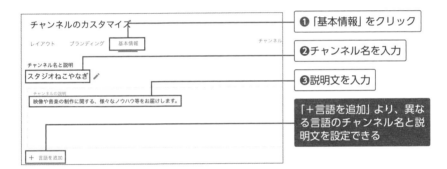

❶「基本情報」をクリック

❷チャンネル名を入力

❸説明文を入力

「＋言語を追加」より、異なる言語のチャンネル名と説明文を設定できる

URL を追加する

YouTubeチャンネルのURLは、初期設定ではランダムな文字列が割り当てられますが、条件を満たせば自分で考えたURL（**カスタムURL**）を追加できます。チャンネルに関連した文字列を設定すると視聴者に覚えてもらいやすくなります。

▶ カスタムURLを設定できる条件

・チャンネル登録者数が100人以上
・チャンネルを開設してから30日以上経過している
・プロフィールアイコンがアップロードされている
・バナー画像がアップロードされている

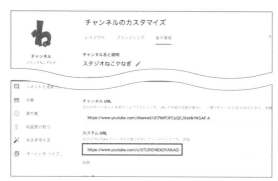

URLは先着順のため、希望の文字列がすでに使われている場合は、数字などを追加して対処します。

▶ リンクを追加する

　SNSアカウントや外部のWebサイトを紹介できる**リンクの追加**機能もあります。追加したリンクは、チャンネルの「概要」画面に表示されます。

「リンクを追加」をクリックし、リンクのタイトルとURLを入力します。追加したリンクは「＝」アイコンをドラッグすることで順番を入れ替えられます。

パソコンのブラウザの場合、チャンネルの「概要」画面だけでなく、バナー画像の上にアイコンも表示されます。TwitterなどメジャーなSNSの場合はその名称とアイコン、一般のサイトはファビコン（サイト側が設定している小サイズの画像）で表示されます。

視聴数向上の要！
アクセス解析の使い方

#Win #Mac #iPhone #Android

公開した動画がどのように視聴されているか、再生数だけでは詳しく分析できません。YouTube Studioの「アナリティクス」画面でデータを確認・分析し、次の策を練りましょう。

アクセス向上に必須の「解析」を活用しよう

　YouTube動画に限らず、インターネットコンテンツの強みの一つが**細かなアクセス解析ができる点**です。例えばテレビの視聴率や書籍の売り上げは、視聴率や売上金額などから人気（または不人気）の理由を漠然としか知ることができません。その点インターネットコンテンツは、**アクセス解析**によって視聴者の動向を把握できます。ある意味で、視聴者の動きが**筒抜け**になっているともいえるでしょう。その行動を細かく把握し、次にとる施策の参考にするというわけです。視聴者としては少し複雑ですが、発信者としてはこれを活用しない手はありません。

　例えば、一見すると同じ再生数の動画でも、公開直後に大量に視聴された後はあまり伸びていないものと、コンスタントに再生され続けるものでは、動向が全く異なります。前者は**チャンネル自体にファンが多い**場合に多く、後者は**動画の題材へのニーズが高い**場合が多いのです。どちらを目指すかで企画や編集の作り方も異なってくるので、**自分の意図する通りに消費されているか**という点はかなり重要な指標となります。

　YouTubeのアクセス解析は、YouTube Studioの**「アナリティクス」**画面から行います。ここでは、分析を行う際に注目すべきポイントをピックアップして紹介します。なお、最新の状態が反映されるには多少時間がかかる場合もあります。

> **HINT**
> 再生数は、動画自体の良しあしに加え、曜日や休日、時間帯といった要素にも左右されます。最初は公開時期を変化させながら動向を分析すると、アクセス向上に適したパターンを認識しやすくなります。

47

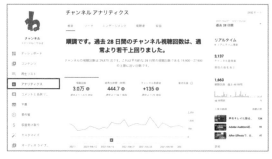

「アナリティクス」画面は、左側の
メニューから「アナリティクス」
をクリックすると表示されます。
YouTube Studioアプリにも同じ
項目があり、同様の内容を確認で
きます。

「概要」でチャンネル全体の傾向をつかもう

　「アナリティクス」画面に最初に表示されるのが、「**概要**」です。ここでは、指定
した期間（デフォルトでは28日間）のチャンネル全体の視聴数や動画の総再生時
間、チャンネル登録者数の推移などを確認できます。期間は、「アナリティクス」
画面の右上（アプリ版では項目ごと）に表示されている「過去28日間」の表示から
変更できます。直近1週間や、YouTubeチャンネルを開設した日など、あらゆる
スケールで推移を確認してみましょう。

「概要」画面では、チャンネル全体
の視聴数やチャンネル登録者数を
大まかに確認でき、全体的な傾向
をつかむことができます。

「概要」画面右上の「過去28日間」
の表示をクリックして表示期間を
変更できます。「カスタム」をク
リックすると、任意の期間を指定
できます。

▶ この期間の人気動画

　チャンネル自体に十分なデータがある場合、「概要」画面の下部に、**再生数のランキング**が表示されます。表示期間を変更すると、内容も更新されます。

「平均視聴時間」は、その動画が平均何分再生されているかを示しています。

動画に出会うまでの過程を分析しよう

　「視聴者が、自分の動画にどのようにたどり着いたのか」という経路を確認できるのが「**リーチ**」画面です。その中の**トラフィックソース**では、視聴者が動画を視聴するときに利用していたツールを確認できます。YouTube 以外の Web サイト名、YouTube 内の検索キーワードなど、具体的な経路を知ることができます。「トラフィックソースの種類」で動画再生に至った経路の内訳を確認し、個々の内容をさらに詳しく見ていきましょう。

▶「トラフィックソースの種類」を分析する

ここで再生リストの割合が多い場合、そのチャンネル内の動画をいくつも続けて視聴している視聴者がいる＝熱心なファンが付いているという傾向を読み取ることができます。

▶「トラフィックソース：外部サイト」を分析する

ここで「Google Search」など検索サイトの割合が多い場合、ブログなど動画以外のメディアを展開してもアクセスしてもらえる可能性が高くなります。メディアミックス戦略の参考にしましょう。

▶「トラフィックソース：YouTube検索」を分析する

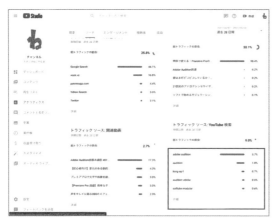

YouTube内の検索機能を利用した際の検索キーワードです。一般の検索サイトとは全く違うキーワードで検索されることもあります。動画コンテンツとしてどういった内容が求められているのか、推し量ることができます。

個々の動画を分析しよう

　ここからは、個々の動画を分析していきましょう。分析したい動画の「動画の詳細」画面（P.37 参照）を表示し、左側のメニューの「アナリティクス」をクリックすると、動画ごとの分析情報が表示されます。

　ここで特に注目したいのが**チャンネル登録者**。その動画の閲覧からチャンネル登録をした人数が表示されます。この数値が高ければ、同じテーマの動画をもっと視聴したいというニーズが存在することの表れです。

　視聴者維持率は、動画の各部分がどの程度視聴されたかを表示します。特に盛り上がっている部分は、ほかを飛ばしてそこだけを見たか、何回も繰り返して視聴したことを表しています。動画内の特にニーズの高い部分を知ることができます。

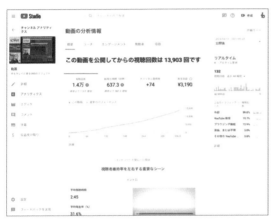

再生数が多くても、その動画からのチャンネル登録が少ない場合は、動画自体の人気は一過性で、根強いファンが付きにくい内容ということが分析できます。

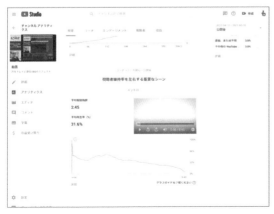

時間ごとに視聴率が徐々に下がっていくのは一般的な流れですが、長時間の動画でも視聴を維持できるようになれば、収益化された際により多くの広告が表示され、収益額が上がります。

動画を収益化する流れを知ろう

#Win #Mac #iPhone #Android

YouTube では、一定の条件を満たしたユーザーは報酬を得ることができます。YouTube Studio 内での「収益化」の手続きについて、大まかな流れを説明します。

まずは目的を明確にすることが大切！

YouTubeの大きな魅力の一つが、**公開した動画の閲覧数に応じて広告収入を得られる**点でしょう。ただし、YouTubeから収益を得る条件には一定のハードルがあるため、収益化までの流れを理解した上で、施策を講じる必要があります。

ここで一度整理したいのが、あなたの**YouTubeチャンネルを開設した目的**です。例えば「店舗に来店する顧客を増やしたい」という目標があるなら、動画による収益化を目指すよりも、むしろ収益化に向けたものとは全く違う施策を取った方が、本業も含めた「全体の収益」を増やせる場合も少なくありません。たくさんの人に知ってもらいたいコンテンツがある、自分自身を売り出したい、ビジネスに役立てたい……。まずは自分の中の目標を改めて明確にし、それを達成できる施策を第一に考え、その上で収益化を検討しましょう。収益化はたとえ莫大な額にはならなくても、**動画発信のための費用を補助する**という側面を併せ持つとても魅力的なサービスです。収益化を目指すこと自体は決して悪いことではありません。

YouTube 収益化の条件

YouTubeで報酬を得るためには、①次ページの条件を満たし、②**YouTubeパートナープログラム**に申請して承認されることが必須となります。収益化の条件を満たしていない状態では、「収益受け取り」画面には収益化が可能になるまでの人数と時間が表示されます。

全ての条件が満たされると、「収益受け取り」画面に申し込みボタンが表示されます。

▶ 収益化が可能となる条件

・チャンネル登録人数 1,000 人以上
・過去 1 年の総再生時間 4,000 時間以上
・YouTube のガイドラインに違反していない

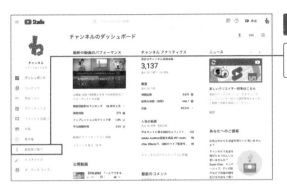

YouTube Studioを表示する

❶「収益受け取り」を
クリック

「収益受け取り」画面が表示され、YouTubeパートナープログラムへの参加条件が表示されます。特に、短い動画が多い場合は総再生時間の到達に苦労する場合も多いです。一定の時間がありつつ、すぐに離脱されない動画が有利になります。

Google AdSense のアカウントを取得する

　YouTube で収益を受け取るには、Google の広告プログラム「**Google AdSense**」(https://www.google.co.jp/adsense/start/) (グーグルアドセンス) のアカウントが必要になるので、あらかじめ作っておきましょう。Google AdSense とは、自分の Web サイトに訪れたユーザーに最適な広告を自動で表示し、その広告がクリックされることにより、Web サイトの管理者に報酬が発生するというサービスです。Google AdSense のアカウントさえあれば、YouTube だけでなく、自分の Web サイトに広告を掲載できます。こちらも事前審査が必要ですが、YouTube の審査よりはるかに少ない条件なので、利用しやすいサービスです。

Google AdSense を表示する

❶「ご利用開始」をクリック

手順に従ってアカウントを
作成する

アカウントを作成した後、Google
AdSenseでアカウント情報を表示
すると、「パブリッシャーID」が割
り振られます。このIDを使って、
収益化するYouTubeアカウント
をひも付けます。

YouTubeパートナープログラムに申し込む

収益化の条件を満たしたら、「収益受け取り」画面の「申し込む」ボタンをクリッ
クして、以下のステップでYouTubeパートナープログラムを申し込みましょう。
審査には1か月程度かかります。審査が通ればメッセージが通知されるので、引き
続き広告の設定を行いましょう。

▶ YouTubeパートナープログラムに申し込む手順

・ステップ1：YouTube パートナープログラムの利用規約に同意する
・ステップ2：Google AdSense のパブリッシャー ID を登録する
・ステップ3：審査が通るまで待つ

審査が通ると Google AdSence ア
カウントがひも付けされ、「収益
受け取り」画面の「AdSence アカ
ウント」が「有効」と表示されま
す。これで、収益の受け取りが可
能となります。

広告を設定して収益を有効化する

　YouTube パートナープログラムの審査が通ると、広告を挿入して収益を得るこ
とができるようになります。動画の投稿時のほか、各動画の「動画の詳細」画面か
ら、**広告のオン／オフ**を設定できます。許可する広告の種類や位置も設定できます。

▶ 広告の種類

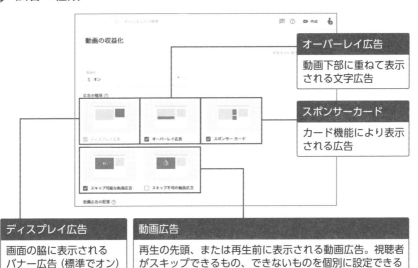

オーバーレイ広告
動画下部に重ねて表示
される文字広告

スポンサーカード
カード機能により表示
される広告

ディスプレイ広告
画面の脇に表示される
バナー広告（標準でオン）

動画広告
再生の先頭、または再生前に表示される動画広告。視聴者
がスキップできるもの、できないものを個別に設定できる

▶ 動画広告の位置

動画広告の配置 ⑦

☑ 動画の前（プレロール）

☑ 動画の途中（ミッドロール）

デフォルトでは、ユーザーの視聴体験とクリエイターの収益
目に配置されます。詳細

ミッドロールを管理

☐ 動画の後（ポストロール）

動画の各部分に挿入される動画広告を
表示／非表示にできます。動画再生後
に挿入される「ポストロール」は効果が
薄く、あまり用いられません。

> **HINT**
>
> 「ミッドロール」は8分以上の動画の再生中に表示
> される動画広告で、挿入場所を任意に設定できま
> す。動画広告によって再生を止められないように、
> その後を見たいと感じられる位置に設定するのが
> ベストです。

「投げ銭」を得られるスパチャ＆ Super Thanks

　YouTubeライブ（P.234参照）およびプレミア公開（P.211参照）には、**スーパー
チャット**（スパチャ）機能があります。これは、視聴者が動画に対してメッセージ
を投稿する際、任意の金額（**投げ銭**）を添えて送信できる機能です。金額によって
メッセージを目立たせることができ、また直接応援の気持ちを伝えることができる
ため、YouTuberが直接収益を受け取れるというメリットのほか、YouTuberのファ
ンにもとって大きなニーズがあります。

　なお本稿執筆時点（2022年2月）で、拍手と共に一定の金額を送付できる**Super
Thanks**機能のベータ版も提供が開始されています。この機能を利用すれば、すで
にアップロード済みの動画に対しても投げ銭が可能です。

▶ スーパーチャット・Super Thanks の特徴

・視聴者から直接収益を受け取れる

・収益は、送られた額から手数料を引かれて 70% になる

・スーパーチャットはライブ配信、およびプレミア公開でのみ利用可能

・Super Thanks は機能を有効にすることで全ての動画に対して利用可能

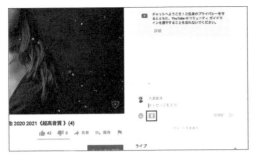

視聴者側がメッセージを送る際にスーパーチャットを選択することが可能です。視聴者は1日最大￥50,000までの投げ銭を送ることができます。

Super Thanksは、YouTube Studioの「収益受け取り」画面（P.55参照）の「Supers」をクリックし、「Super Thanks」ボタンをクリックしてオンにすることで有効となります。有効にすると、全ての動画の再生ページに「THANKS」ボタンが表示され、いつでも投げ銭を受け取ることが可能になります。

アナリティクスで収益を分析する

収益化が可能になると、「アナリティクス」画面に**「収益」**画面が追加され、収益の状況を分析できるようになります。この画面には**「推定収益」「RPM」「再生回数に基づくCPM」**があります。RPMは動画1,000再生あたりの収益額のことで、これを1,000で割った数が1再生あたりの収益の目安となります。CPMは動画1,000再生あたりの広告収入を表しています。

YouTube Studioで「アナリティクス」をクリックし、「収益」をクリックすると収益状況を確認できます。

「アナリティクス」画面の「詳細モード」をクリックすると、チャンネルの詳細を確認できます。この画面の**「収益源」**では、広告からの収入に加え、広告が表示されないYouTube Premiumユーザーの再生からの分配額も確認できます。多くの場合、Premiumからの分配は広告よりかなり低くなります。

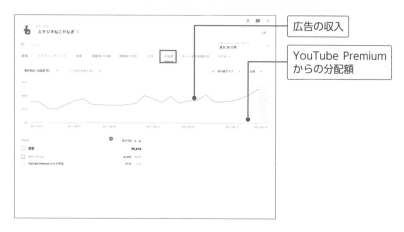

広告の収入

YouTube Premium
からの分配額

▶ 動画ごとの収益を表示する

推定収益、RPM、CPMは**動画ごとに表示**できます。特に収益の高い動画（もしくは低い動画）の題材や構成を分析することで、より着実に収益を得るためのヒントになるでしょう。

P.51と同様の手順で分析情報を表示し、「収益」をクリックすると、動画ごとの収益画面が表示されます。

PART 2

収益を受け取ろう

　YouTubeの収益を受け取るには、**Google AdSense**での収入が、Googleが定める**支払金額の基準額**を超えている必要があります。日本では**¥8,000**です。Google AdSenseの**「お支払い」**ページに現在の収入額累計が表示されますが、基準額を超えない場合は繰り越されます。額に達した月に処理が行われ、翌月末に振り込まれます。

　なお、Googleから収益が振り込まれる口座を事前に登録する必要があります。この設定は収益がGoogleの定める**支払い方法選択の基準額**（日本では¥1,000）を超えると行えるようになります。

▶ 収益受け取りの条件

・YouTube の収益は、Google AdSense でほかの広告と合算されて受け取る
・支払いは「支払い基準額」に達した月のみ実行される
・確認済みの銀行口座が必要

Google AdSenseの「お支払い」ページには、前回の支払い後、新たに得た収益の合計額が表示されます。支払い基準額は国によって異なります。「お支払い方法の管理」より銀行口座を登録できます。

銀行口座を登録すると、自分の管理する口座であることを証明するため、デポジット入金などの処理が行われます。あらかじめ銀行口座も用意しておきましょう。

違反の警告などに対する対応方法を知ろう

#Win #Mac #iPhone #Android

YouTubeに動画を投稿していると、身に覚えがなくともガイドラインや著作権を侵害している旨の警告が届くことがあります。その際も、焦らず冷静に対処しましょう。

警告は「即アウト」とは限らない

YouTubeには、違反となる動画の内容を定めた**コミュニティガイドライン**（https://www.youtube.com/howyoutubeworks/policies/community-guidelines/）があり、違反を繰り返すと動画の削除だけでなく、最悪の場合アカウント自体が凍結されることもあります（代表的な例は次章で解説）。ただ、動画内の映像に関してはAIで自動検知しているものもあり、その誤検知で全く関係ないものが違反コンテンツとされる場合もあります。その際はYouTube Studioのフォームから**異議申し立て**を行うことで取り消され、もちろんペナルティも残ることはありません。

なお、ダウンロードした音楽素材をBGMなどに使っている場合、曲の権利者が**コンテンツID**という仕組みで権利を主張し収益を得ると、素材を使っている動画の方では収益化（広告のオン）ができない場合があります。ペナルティではないのですが、このような事態は避ける必要があるでしょう。フリーでダウンロードできるBGM素材などの使用を避け、コンテンツIDへの対策が保証されている有償のサービスなどを利用するのが賢明です。

コミュニティガイドラインの内容は、情勢により短期間で改定される場合があるので、現時点での内容をよく確認しておきましょう。

> **HINT**
> 警告は誤って出されることがあります。即座に異議申し立てできるように、普段から
> ガイドラインを遵守したコンテンツ作りが必要です。

チャンネルの状態を確認する

　自分のチャンネルが違反しているかどうかの確認は、YouTube Studioの「設定」
画面にある**「機能の利用資格」**から行います。ここには、動画配信を行うにあたっ
てYouTubeから使用を許可されている各機能がリストアップされています。**デ
フォルトの機能**として記載されている内容は、コミュニティガイドラインに違反し
ていない全てのユーザーが使えるYouTubeの基本的な機能です。これが「有効」に
なっていれば、違反していないことが分かります。

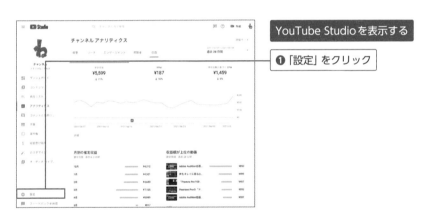

YouTube Studioを表示する

❶「設定」をクリック

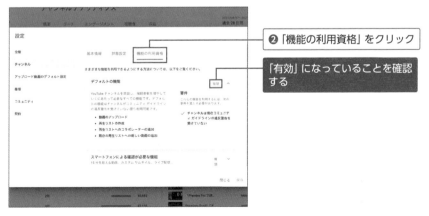

❷「機能の利用資格」をクリック

「有効」になっていることを確認
する

▶「スマートフォンによる確認が必要な機能」とは

スマートフォンによる確認が必要な機能に記載されている内容は、本人確認（P.17参照）ができていれば使えます。コンテンツIDの申し立てが発生した際の異議申し立て機能も含まれているので、本人確認を行い、有効にしておきましょう。

「スマートフォンによる確認が必要な機能」を有効にするには、電話番号の登録が必要です。

自分の動画が盗用されていないか確認する

YouTube Studioの**「著作権」**画面を表示すると、自分の投稿動画と内容が一致すると判定された別の動画が表示されます。商品のPR用など、ほかのチャンネルに提供したものなら別の問題ありませんが、無断で使われている場合は問題です。そんな動画をこのページから発見し、メッセージを送るなどのアクションを行うことができます。

YouTube Studioを表示する

❶「著作権」をクリック

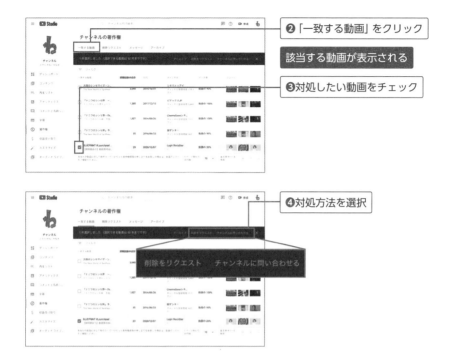

❷「一致する動画」をクリック

該当する動画が表示される

❸対処したい動画をチェック

❹対処方法を選択

コンテンツIDの申し立てが発生したら？

　このケースの大半は、動画中で使っているBGM素材に対し、権利元（コンテンツIDの所有元）が申し立てを行ったものです。基本的にチャンネル全体には影響せず、この動画の収益化設定ができないだけなのですが、誤りと思われる場合は意義を申し立てることも可能です。ほかの視聴者から申し立てが発生した動画は、「コンテンツ」画面から確認することができます。

YouTube Studioの左側のメニューで「コンテンツ」をクリックし、フィルターを「著作権侵害の申し立て」に設定すると、申し立てが行われている動画が一覧で表示されます。「制限」列にある「著作権侵害の申し立て」にマウスポインタを合わせ、「詳細を表示」をクリックします。

「収益化」が「利用不可」になって
います。「操作を選択」から異議を
申し立てることも可能です。

ガイドライン違反の警告が届いたら？

　ガイドライン違反と判断されると、メールなどで警告が届き、動画が削除されます。YouTube側で判定を誤って送信される場合もありますので、違反の事実がないなら焦る必要はありません。ただ、最近は有名サービスを装った詐欺メールも多いので、こうしたメールが届いてもメール内のリンクはクリックせず、YouTube Studioの**「ダッシュボード」**画面で確認しましょう。警告には異議申し立てのフォームがあるので、違反コンテンツではない旨を簡潔に記載して送信すると、人による再確認が行われ、解除された旨も連絡されます。

動画の内容をAIが違反コンテン
ツと誤認し、削除された際に届い
たメッセージ。YouTubeのダッ
シュボードより異議申し立てが可
能です。

PART 3

目指せ登録1万人！
響くテーマ・企画の
考え方

SCENE 01 テーマが先か？ 人気が先か？

#Win #Mac #iPhone #Android

YouTubeチャンネルを始める際、自分のやりたいテーマで行くのか、人気のジャンルに参入するのかという2つの方針を選択することになります。この選択で、とるべき施策は大きく変わります。

何のためのチャンネル？を考えて方向性を決める

YouTubeチャンネルを開設する際、**テーマが先にあるか**、**視聴者に受けそうなテーマで始めるか**、どちらのスタイルをとるかで方向性は大きく変わります。前者は、仕事や趣味における自分の得意なもの、好きなものをテーマにするので、そうした方はこのページを読んでいる時点でもあまり迷いはないかもしれませんね。

一方、例えば「YouTuberとして人気を獲得し、かつ報酬も得たい！」というような考えが発端である場合、扱う内容が全く決まっていないという方も多いと思います。この場合は、より**マーケティング的**な分析と考察に重きを置いたチャンネル作りが必要になります。

さらに言えば、両者は必ずしも完全にスパッと分かれるものでもありません。好きや得意をテーマにする場合でも、自分のしたいことに固執するのではなく、多くの再生数やチャンネル登録を得るために戦略的に動くことが大切です。

HINT

動画投稿時に、動画のジャンルを選択できます。テーマにより選択しづらい場合もありますが、少しでも多く再生ボタンを押してもらえるよう、なるべくテーマに近いものを選びましょう。また、自分のやってみたいジャンルを認識して動画作りを始めると、方向性を明確にできます。

▶「テーマ先行」のポイント

YouTubeの動画はもちろん、インターネット上のコンテンツの多くは**テーマ先行**タイプです。やりたいこと、見せたいものが最初から決まっているので、初めて投稿するという人でも始めやすいでしょう。

メリット
・制作するためのネタが豊富
・作ること自体に楽しみが感じられる
・長期にわたって再生されやすい
・YouTube 以外からファンを誘導しやすい

デメリット
・極度に大きな伸びは期待しづらい
・独り善がりの内容になりやすい
・方向転換がしづらい

▶「人気先行」のポイント

「YouTuberになって報酬を得たい！」といった漠然とした願望に基づくのが**人気先行**タイプです。一発当たると大きいものの、芸能人になり人気を集めることと同じような困難さがあります。

より確実に収益化につなげるには、単一のテーマに絞らず、趣向の違った複数のチャンネルを作成して実験と計測を繰り返すといった手法が有効です。

メリット
・瞬間的に多くの再生や登録を集められる可能性がある
・反応に応じて内容を臨機応変に変えやすい
・チャンネル自体へのファンも付きやすい

デメリット
・競争率が非常に高い
・テーマの振れ幅が大きいと、蓄積につながりにくい
・個人のトーク能力など、センスが重要視される

「再生数が正義」とは
限らない！

#Win #Mac #iPhone #Android

YouTubeにおける成功というと、再生数やチャンネル登録者数といった「数」がクローズアップされがち。しかし、YouTuberにメリットをもたらすのはそうした要素だけではありません。

「一過性の数字」にはあまり意味がない

　YouTube動画から得る利益は広告収入ばかりが注目されますが、実はそれ以上に**動画から派生した案件の経済規模が大きい**のです。すでに知名度のあるインフルエンサーによる商品紹介などが有名ですね。チャンネル登録や再生数は少なくとも、専門知識に特化したチャンネルなら、その知識が必要とされる場面も少なくありません。かく言う筆者も、ニッチな題材で再生数が1,000にも届いていなかった動画をきっかけに講演や執筆などの依頼が来て、**動画再生にともなう広告収入よりはるかに大きな売り上げとなった**事例が過去に何件もあります。専門家が当たり前と思っていることほど、実は一般には価値ある情報ということも多いものです。ぜひこの観点も意識して、チャンネルや動画を展開してみましょう。

　また、動画に限らずインターネット上のコンテンツはつい広い範囲に向けて発信してしまいがちですが、例えば実店舗のオーナーが近所の住民向けに情報発信しているような動画は、非常に少ない再生数でも集客に寄与しているケースもあります。一過性の数字にこだわりすぎないことも大切です。

> **HINT**
> YouTube動画の収益化はあくまで一つの形であり、動画を利用しながらほかの方法での利潤を考えるという考え方も大切です。

PART 3

本業の補助として動画を利用するのもアリ

　本業がある場合、動画の投稿をメインにするより、**本業の補助**として動画を利用する方が利益につながりやすくなります。例えば、お店の紹介をする動画や、販売している商品の使用方法を動画にするといった使い方です。このような動画は一度作ると比較的**長期にわたって使える**ので、常に新しい動画を制作して収益を得ようとするよりコストパフォーマンスに優れています。なお、補助として使う動画は**過度に装飾せず手堅い内容にまとめる**方が、使い勝手もよく結果につながりやすいでしょう。

ブログの補足として動画を使っている例。YouTube動画の収益化ができていなくとも、ブログ側の広告で収入が得られるなら、役割を果たしているといえるでしょう。

動画の収益化以外で利益が発生する例

店舗・商品への誘導	お店や商品のPR動画は、多数再生されるのも重要ながら、視聴した人が来店や購入にいたる「コンバージョン率」(成果率)が重要です。特に高額商品の場合は、1件の成約でも1本の動画再生で得られる報酬よりはるかに高い利益を上げられます。
企業からのPR案件	豊富な専門知識を持つチャンネルには、企業から商品レビューなどの依頼がくる場合も多々あります。報酬額や内容の自由度は千差万別ですが、広告収入に加えてかなり大きい利益がもたらされることも少なくありません。
専門家としての依頼	専門家としての情報発信を続けることで、講演、書籍執筆、テレビでのコメント依頼などが来ることもあります。こちらも内容・条件は幅が大きいので、よく吟味して受けましょう。

> **HINT**
>
> たとえ直接的に利潤を求めない活動でも、YouTubeを使うと印刷物などの制作費を大きく抑えられ、結果的にほかの用途に使える予算が増えることも考えられます。活動全体で考えてみると、動画での活動は有用であることが多いです。

SCENE 03 「継続」が結果をもたらす

#Win #Mac #iPhone #Android

YouTubeチャンネルの人気は、もちろん動画の内容そのもののよさが重要ですが、安定して登録者数が伸びる状況を作るには、ある程度の継続が不可欠となります。

「流れが変わる」時期が到来する

　YouTubeチャンネルを始めても、多くの場合、しばらくの間は再生数やチャンネル登録数が思うように伸びない時期が続きます。ほとんどのYouTuberはその時点で投稿をやめてしまうのですが、実は**多くの人気チャンネルの大半も、当初は似たような状況だった**のです。もともと圧倒的な知名度を持つ芸能人などを除いて、ある程度の蓄積ができ、おすすめなどに表示される回数が増えないと、大きな伸びを期待するのは難しいというのが現実です。

　一方、ある程度の本数や登録者数が増えると、それ自体が**信頼のバロメーター**になり、流れが変わってきます。例えば投稿のペースが若干落ちたとしても、チャンネル登録者数の伸びは一定数確保できる……という具合です。こうした動きは、次ページで紹介するようなサービスを使ってほかのチャンネルの分析データを閲覧するとよく分かります。施策の参考や、モチベーション維持の意味も含めて、人気のチャンネルを一度のぞいてみるのも面白いでしょう。

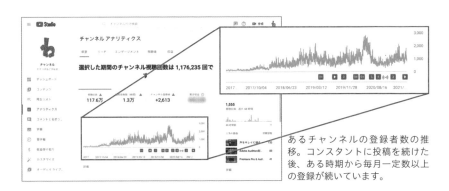

あるチャンネルの登録者数の推移。コンスタントに投稿を続けた後、ある時期から毎月一定数以上の登録が続いています。

> **HINT**
>
> 過去動画の蓄積が増えると、それ自体が魅力となって、チャンネル登録される確率も上昇しやすくなります。最初は思うように登録数が伸びなくても、とにかく継続することが大切です。

ほかのYouTubeチャンネルの動向を分析する

　YouTubeの標準機能（**再生数や高評価の数**）では、ほかのチャンネルの情報は限定的にしか分かりません。そのため外部のサービスを使い、ほかのチャンネルの分析データを確認しましょう。無料版でも、ある程度参考になるデータを収集できます。ここでは例として、Webサービスの「**NoxInfluencer**」（https://jp.noxinfluencer.com/）を使ってみましょう。目的のYouTubeチャンネルを名称やアドレスで検索することで、チャンネルに関するデータを閲覧でき、運営上の参考にできます。

NoxInfluencerを表示する

❶チャンネル名やURLを入力

❷ここをクリック

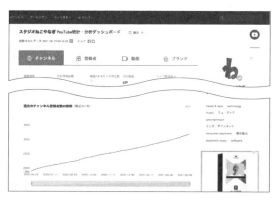

ログイン不要で、さまざまなチャンネルの登録者数の推移や視聴回数といったデータを確認できます。例えば登録者数が急増した時期があれば、そのあたりで公開された動画が登録者数を増やすヒントになるかも知れません。有料プランを契約すると、さらに細かい分析データを閲覧できます。

「著作権」に気を付けよう！

#Win #Mac #iPhone #Android

動画作りで最も気を付けなければならないのが、他人の「著作権」を侵害しないようにすること。ここでは、覚えておくべき基本的な注意項目を紹介します。

著作権は自動的に発生する権利

　著作権は、その作品の権利を持つ人以外が無断で公開や加工を行うことを制限した法律です。国内の法律に加え、国際的にも多くの国の間で条約が結ばれています。著作権は、**商品としての販売有無などにかかわらず、作品が生まれた瞬間から作者に発生する権利**なので、皆さんが作ったオリジナル動画の著作権はもちろん皆さん自身にあります。なお、YouTube動画の収益化も著作権の存在が根底にあるので、逆に他人の著作権を侵害しないように気を付けないと、収益化ができません（P.52参照）。

　YouTube上には、テレビ番組を録画したものなど多くの著作権に違反した動画がアップされているのもまた事実です。著作権は**親告罪**といって、権利者が申し出を行った際にのみ取り締まられます。現在YouTube上に存在している動画は**たまたま権利者からの訴えがなかった**だけなのです。違反が何度も表面化すると、チャンネル自体を停止されてしまいます。意図的に侵害しないことはもちろん、**無意識な侵害**を行ってしまわないよう十分に注意しましょう。

　著作権の中には、同一性保持権、公衆送信権、公表権などさまざまな権利が含まれています。文化庁のWebサイト（https://www.bunka.go.jp/seisaku/chosakuken/seidokaisetsu/gaiyo/chosakubutsu_jiyu.html）には、著作権に関する細かい記載があるので、ぜひ一度閲覧しておきましょう。

音楽に関する著作権

　YouTubeでは、「JASRAC」（http://www2.jasrac.or.jp/eJwid/）、「NexTone」（https://search.nex-tone.co.jp/terms?1）といった音楽著作権の管理会社と包括

契約を結んでおり、これらの管理化にある楽曲を**カバー演奏**して公開することが許可されています。目当ての曲が管理下にあるかは、それぞれのWebサイトから検索できます。

　CDなどの録音物を動画で利用したい場合は、音源の権利を持つレコード会社などとの交渉が必要です。また、カラオケの音源や映像は、カラオケ配信業者に権利があります。あくまで、伴奏まで含めて自分で演奏または制作する必要があると認識しておきましょう。

映像に関する著作権

　YouTube内のほかの動画をコピーして使うのは違反ですが、**再生リスト**には、ほかの人の動画を入れることができます。同ジャンルの良作を集めた再生リストを作り、その中に自分の動画も入れて公開しておくと、その中の一部として自分の動画を視聴してもらえる可能性もアップします。

　いわゆる**フリー素材**と呼ばれている映像ファイルにも、それぞれに利用規約が存在します。一番制限が弱いのが、全ての権利が放棄または消滅している**パブリックドメイン**です。ただし映像そのものの著作権が消滅していても、動画に映っている人物の肖像権は別に存在するので、顔がはっきり映っている素材は避けた方が賢明です。また、元の映像や画像をそのまま「自分の作品である」と偽って主張するのもNGです。いずれにせよ、事前に必ず利用規約を確認しましょう。

「PIXABAY」(https://pixabay.com/ja/) では、パブリックドメインとして自由に利用できる動画や写真の素材が多数公開されています。検索窓の右側にある「画像」をクリックすると、「写真」「イラスト」「ベクター画像」「動画」といったように、検索対象のカテゴリを指定できます。

肖像や商標に関する注意点

映り込んだ人物の扱い	自分で撮影した動画自体の著作権は自分にありますが、その中に映っている人の顔には肖像権が存在します。外で撮影した際に映り込んだ人物にはぼかしを加えましょう（P.214参照）。
書籍の扱い	書籍の中身をスキャンして表示するのも、一部の引用行為を除いてNGです。ただし本の紹介などで外装を「物」として撮影することは問題ありません。
企業や製品のロゴ	著作権に加え「商標」の登録が行われており、勝手に使うことはできません。ただし製品の一部として付加されているロゴが映るのは問題ありません。

SCENE 05 顔出しは必要？

#Win #Mac #iPhone #Android

YouTube動画を公開する上で顔出しをするかどうかは、悩む人の多い
テーマです。現在は、本人の代わりにキャラクターを出す「VTuber」
という選択肢もあります。

メリットは多いが、VTuberなど別の方法もあり

YouTuber本人が**顔出しで動画に出演**すると、より親近感を感じやすいなどのメ
リットがあります。ただ、防犯上や職業などの事情で不可能という方も多いと思い
ます。何かをカメラの前で実演するような動画でも、顔が映らないようにアングル
を工夫したり、マスクなどを着けて出演しながら人気を集めるチャンネルも多いの
で、顔出しをしないという方針でも問題ありません。

一方、視聴者との結び付きを強めるには**人格のアイコン**となるものがあった方が
よいのもまた事実です。そこで、生身の人間に代わり、キャラクターのイラストな
どを出すという手法もよいでしょう。その中でも、ここ数年話題になっているの
が**VTuber**という存在です。技術の進歩で、人の動きや声を感知して2次元のキャ
ラクターを動かせるツールが増え、それらを使ってキャラクターが出演する動画が
YouTubeの中でも一大ジャンルとなっているのです。

ソフトの説明など、そもそも画面
だけで成立する動画も、顔出しを
することでトークの微妙なニュア
ンスを伝えやすくなったり、視聴
者との結び付きを強めるといった
メリットがあります。なお、一度
でも公開した動画は、削除しても
コピーされている可能性がありま
す。顔出しの有無は慎重に判断し
ましょう。

PART 3

「VTuber」になれるソフト

VTuberとして動画を配信するには、人間の動きを取り込むための**カメラやセンサー**、**キャラクターを動かすソフト**が必要です。現在は、人の動きや声にリアルタイムで反応するソフトが主流で、このようなソフトはライブ配信（PART8参照）でも活躍します。また、さらにこだわってキャラクターを作るなら、**ボイスチェンジャー**と呼ばれる機器や音声変換ソフトを使って声を変換するのもよいでしょう。

▶ Adobe Character Animator

「**Adobe Character Animator**」(https://www.adobe.com/jp/products/character-animator.html) は、パソコン内蔵のカメラとマイクだけで簡単にキャラクターを動かせるソフトです。特別なハードも不要で、難度の高いデータ制作作業をすることなく、自分代わりのキャラクターを簡単に操作できます。

「Adobe Creative Cloud」のサブスクリプション（月々プラン¥9,878、年間プラン月々払い¥6,248、年間プラン一括払い¥72,336、いずれも税込み）で提供されています。同じく提供されるPhotoshopやIllustratorなどのソフトを使ってオリジナルのキャラクターを制作し、そのキャラクターに自分の動きを反映させることができます。

▶ Voidol

「**Voidol**」(https://crimsontech.jp/apps/voidol/) は、マイクに入力した声を、リアルタイムでほかの声に変換できるアプリです。

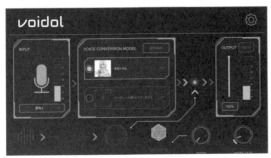

価格はAmazonで¥2,200（税込み）です。話し方に多少のコツはいるものの、異性の声など元の声質と全く違う声質への変換が可能です。デフォルトで付属する女性キャラクター・男性キャラクターのボイス以外にも、好きなボイスを追加購入できます。

75

人気のジャンルを
チェックしよう！

#Win #Mac #iPhone #Android

自分のチャンネルを作る上で、どのようなジャンルの動画を制作する
かは大きなポイントです。ここでは、今や定番となっているジャンル
の特徴をまとめました。ぜひ、チャンネル作りの参考にしてください。

自身のテーマとトレンドのどちらを優先するか？

　YouTubeに動画を公開する人を**YouTuber**と呼称するのは世の中にもすっかり
定着していますが、その中でも**専門性の度合い**には大きな幅があります。世間的に
ネームバリューのあるYouTuberは、芸能人でいえば「タレント」と呼ばれる人た
ちのように、限定的な分野（俳優や歌手など）を持たず、トレンドに応じた活動を
行うというスタンスが多く見られます。ただし、最近はもともとネームバリューの
ある芸能人の参入も多いので、この方針で人気を集めることはさらに困難です。

　ある程度の専門性が必要となる分野は、参入障壁の高さと、一定の確実な需要と
いう面で、人気になる可能性があります。もちろん、分野の規模によりある程度再
生数などに限界はあるものの、その分野内での存在感を高めることは悪いことでは
ありません。P.68で解説したとおり、企業などとのタイアップや講演会・執筆の
依頼などでYouTubeの広告以外の収益を得られる場合もあるからです。こういっ
た収入を得ることを最優先にチャンネルを作るのも、一つの選択肢といえます。

同じジャンルの中でも、人気チャ
ンネルや旬のネタは常に変化しま
す。YouTubeの「チャンネル一覧」
を見ると、YouTube内でのジャ
ンルごとに登録者数を多く集める
チャンネルがピックアップされま
す。世界単位なので日本の人気と
は若干異なるものの、「急上昇」と
あわせて現在のトレンドを探る場
合の参考となります。

「チャレンジ系」動画

「○○をやってみた」といった体になっていることが多い、チャンネルの配信者が実際にやってみる類の形式です。テーマが非常に広く設定できる上に、トレンドに乗りやすかったり、配信者のキャラクターも出しやすかったりするので、人気トップクラスのYouTuberに多く見られるスタイルです。一方、競争率が高く、倫理・法令に反する行為をしてしまい炎上する危険も大きい、リスクのあるジャンルです。

▶ チャレンジ系動画のポイント

・いわゆる「有名YouTuber」が輩出するジャンル
・予算や技術習得なしで始めやすい
・過当競争で、人気を得るのは大変

YouTuberで圧倒的人気を誇るチャレンジ系のチャンネル「Hikakin TV」。チャレンジ系の動画はよくも悪くも一気にバズる（爆発的に話題になる）可能性が高いジャンルです。もちろん、倫理・法令に反する行為は絶対に行ってはいけません。常に世の中のトレンドをチェックし、誰もが安心して楽しめる動画を投稿し続ける必要があります。

チャレンジ系動画の注目テーマ

注目のテーマ	詳細
食べ物	大食いやメニュー制覇、激辛などネタが豊富。一方、食べ物を粗末にする行為は炎上しやすいので注意！
実験	手近なものでできる結果が派手な科学実験、意外な素材で何かを作るなど。
節約	1か月○○円など予算を区切っての生活、格安アイテムの使いこなしノウハウなど。

「製品レビュー系」動画

　電気製品、おもちゃ、食品といった製品を、実際に使った感想や詳細な機能を交えながら解説するジャンルです。実用性も高く、一定数の再生を望みやすい一方、製品を購入する費用など一定のコストもかかります。チャンネルの人気が高まれば、報酬を得ながら特定の製品を紹介する**企業案件**に結び付きやすく、活動の幅が広がる可能性も秘めているといえます。

▶ 製品レビュー系動画のポイント

・話題のアイテムを扱うことで一定のアクセスを集めやすい
・企業案件につながる可能性も大きい
・製品に関する知識が必要で、購入費用もかかる

主にガジェットのレビューを投稿しているチャンネル「散財小説ドリキン」。製品レビュー系動画のポイントは話題のアイテムをサーチし、いち早く配信すること。製品に関する幅広い知識は必要ですが、企業案件につながる可能性もあります。

製品レビュー系動画の注目テーマ

注目のテーマ	詳細
スマホの新機種	発売直後は確実にニーズが多い。一方、陳腐化のスピードや競争率も高い。
カメラやマイクなど	画質や音質のサンプルを求める人が多いので、一定のニーズあり。
コンビニ食	手軽かつ視聴者も気軽に試せ、多くの動画を作りやすい。一方、競争率も高い。

「音楽系」動画

　今や**ヒット曲や人気アーティストはYouTube発**というケースがとても多く、YouTubeはミュージシャンの活動にとって最も重要な場所の一つになっているといえるでしょう。自作曲のプロモーション以外に、カバー曲を演奏することで、曲を作らない演奏オンリーの方にも多くのチャンスがあります。また、歌以外であれば、国境に縛られずワールドワイドでの活動も行いやすい分野でもあります。

▶ 音楽系動画のポイント

・繰り返し聴かれることで再生が伸びる場合も
・技術習得や機材が必要
・競争率は非常に高い

関西弁の音楽教授兼シンガーソングライター「ドクター・キャピタル」が流行曲の解説・演奏を行うチャンネル。音楽系動画は、オリジナル曲のプロモーションの場となるほか、楽器の演奏の腕を発表できる場としても利用できます。

音楽系動画の注目テーマ

注目のテーマ	詳細
ストリートピアノ	駅や観光スポットに設置されているストリートピアノでの演奏。現地でのファン獲得も含めて有効。
意外な楽器を使う	和楽器でジャズを演奏など、その楽器から連想されるのとは違う楽器を使うことで好奇心を誘う。
解説・アレンジ	楽曲についての解説やアレンジを加えながら演奏することで、動画の時間も延ばすことができる。

「Vlog系」動画

Vlog（Video Blog＝ブイログ）とは、動画版のブログのことです。日記から発展したブログのようなスタンスで、映像で日常や旅行先の出来事などをラフに記録・編集して配信します。ここ数年、トレンドとして語られることが最も多くなっている分野であり、伸び代も多いです。一方、一見ラフに見えながらも一定のクオリティを満たしていないと、まとまりのない内容の動画になってしまい、視聴されなくなる危険性も含んでるジャンルといえます。

▶ Vlog系動画のポイント

・日常や旅の記録なので手軽に始められる
・撮影や編集のセンスが必要
・視聴されるためのフック（興味を引くもの）が必要

シネマティックなオープニングが印象的なアウトドアチャンネル「OTOM Outdoor channel」。Vlog系の動画は、日常を見せることで共感を得られたり、旅の様子を配信することで、視聴者に疑似体験してもらうといったことができます。手軽に始められますが、視聴者の興味を引くような題材やセンスが必要です。

Vlog系動画の注目テーマ

注目のテーマ	詳細
アウトドア	自然の風景と、アウトドア用品を使ったり料理を行ったりする様子などを細かく交えて配信する。
ペット	定期的に更新することで、ペット自体にファンが付いて安定して再生されることも。
料理の記録	レシピ紹介を兼ねることで、実用的な動画としても再生される可能性がある。

「ゲーム実況系」動画

　ゲームのプレイ画面を表示しつつ、その内容を主に音声で実況しながら収録するというジャンルです。自宅で撮影可能、かつカメラへの映りなどを気にしなくともよいというハードルの低さもありつつ、**ただのゲーム画面から一歩抜きん出るためのトーク力**なども必要になる一面もあります。特に人気ゲームはライバルが多く、画面に差は出にくいので、ほかの部分での差別化が重要になります。

▶ ゲーム実況系動画のポイント

・普段ゲームをしていれば始めやすい
・トークの技術が必要
・声とゲームの同時収録環境が必要

子どもに大人気の「0踏切アニメ0ふみっきー君チャンネル」のゲーム配信を中心としたサブチャンネル。芸能人や人気YouTuberも多く配信しているゲーム実況系動画は、人気ゲームほどライバルが多くなります。キャラクターやプレイ内容など、あなただけの個性を出すことを意識してみましょう。

ゲーム実況系動画の注目テーマ

注目のテーマ	詳細
Nintendo Switch	視聴者は小学生など若年層が多いので、そのゾーンに一番普及している機種は視聴されやすい。
レトロゲーム	初代ファミコンなど、古いゲーム機は一定のファンが付いている。長期間にわたって再生される可能性が大きい。
VTuberとの組み合わせ	配信者の声だけではなく、VTuberのCGキャラを交えることで、人気の獲得に成功しているケースも。

SCENE

07

テーマにつながる
キーワードを探そう

#Win #Mac #iPhone #Android

動画のテーマを決める際、「自分の好み」や「ウケそうという勘」のみに頼るのはおすすめしません。さまざまなデータを加味し、着実な戦略を練りましょう。

「キーワード」を洗い出すには

おそらく多くの方は漠然と「料理の動画を作りたい」「ギターの動画を作りたい」といったテーマの案をお持ちだと思いますが、肝心なのは、その枠内でどんな動画を作るかです。もし再生数やチャンネル登録の拡大を最優先させるのであれば、ツールを使ったキーワードの洗い出しが、世の中に求められている動画のヒントになるでしょう。この種のリサーチツールで一番ポピュラーなのが、Googleが提供している広告サービス「**Google広告**」(https://ads.google.com/) です。本来はGoogleの検索結果や提携先のWebサイトの広告枠に広告を掲載するサービスですが、その中の**キーワードプランナー**という機能で、キーワードごとの検索ボリューム（およその数）などを知ることができます。ただしあくまでGoogle検索全体を基にしているので、YouTube内での傾向と完全に一致するわけではありません。

YouTube内で人気のキーワードをリサーチするサービスも数多くありますが、有償のものが多く、ビジネス向けなので最低でも月額数千円以上のものがほとんどです。しかし無料で使えつつ参考になるキーワード候補を調べられるツールもあります。まずはこれらを使って、**どんなキーワードに反応がよいか**を把握しましょう。

> **HINT**
> 当面広告を配信する予定がなくとも、キーワード調査などの機能は利用価値があります。Google広告を初めて利用する場合はホーム画面の「今すぐ開始」より、いったん広告配信の登録を行います（クレジットカードが必要）。その後、「キャンペーンを確認」→「保留中」（または「有効」）をクリックし、「キャンペーンを一時停止する」を選択して配信を停止しておきましょう。

「Google広告」でキーワードを調べる

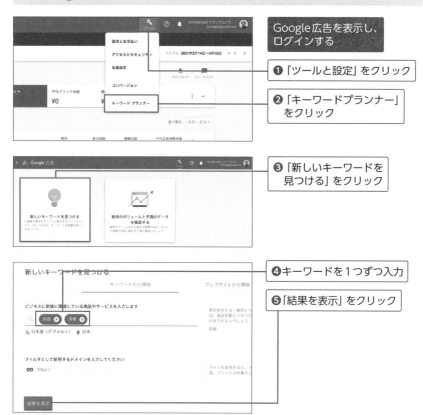

Google広告を表示し、
ログインする

❶「ツールと設定」をクリック

❷「キーワードプランナー」
をクリック

❸「新しいキーワードを
見つける」をクリック

❹キーワードを１つずつ入力

❺「結果を表示」をクリック

「楽器」と「演奏」で検索した例。元の
語句と関連して検索されることの多い
キーワードが上位表示され、動画のテー
マを考える上での参考にすることがで
きます。

関連キーワードをツリー状に把握できる「OMUSUBI」

「OMUSUBI」(https://omusubisuggest.appspot.com/) は、入力した語句に結び付きの強いキーワードを、視覚的に理解しやすいマインドマップのようなツリー構造で表示してくれる無料サービスです。検索エンジンだけでなく、YouTube やAmazon での人気キーワードをリサーチできるのが特徴です。

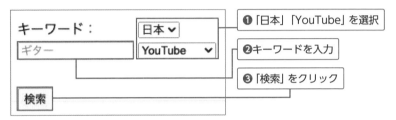

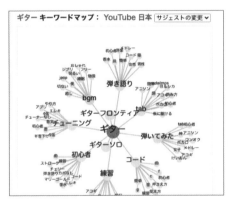

「ギター」で検索した例。元の語句から派生する形でキーワードが表示され、さらに各々のキーワードをクリックするとそこから細分化されたキーワードも調べられるので、YouTube内での人気キーワードを直感的に確認できます。

YouTube特化型の「YouTube Keyword Tool」

YouTubeに特化した解析サービス**「YouTube Keyword Tool」**(https://ahrefs.com/ja/youtube-keyword-tool) は、シンプルな検索であれば無料で使うことが可能。有料版もありますが、無料のデータだけでも十分ヒントになります。

トップ画面の検索欄にキーワードを入力し、「キーワードを探す」をクリックすると、YouTube内でよく使われるキーワードの組み合わせが、ボリューム（およその数）を伴って表示されます。

要素の組み合わせによる
差別化を目指す！

#Win #Mac #iPhone #Android

特にライバルの多いジャンルにおいては、チャンネルや個々の動画を
どのように差別化するかが大きなポイントとなるのは間違いありませ
ん。どうすれば自分だけの個性が生まれるのでしょうか。

個性は「組み合わせ」から生まれる

　YouTubeで動画を公開すること自体は、内容を問わなければそれほどハードル
は高くなくなっています。そのため、多くのジャンルでは**動画を公開しただけ**では
注目を集めるのが難しくなっているのです。そこで必要なのが、**ほかのチャンネル
との差別化**です。難しそうに感じられるかもしれませんが、ポイントを押さえて取
り組めば、すでに人気を集めているチャンネルの存在するジャンルであっても、数
多くの参入チャンスを見つけることができます。

　多くの場合、個性は無の状態から突然現れるものではなく、それぞれ特別ではな
い要素どうしが組み合わさることによって生まれます。ここでは、多くのジャンル
において使いやすい例として**権威性**、**ギャップ**、**親しみ**の3つの分野を挙げてみま
した。差別化ポイントは無理に作り出すより、自分との対話の中から見つけたもの
の方が結局は長続きしやすいものです。ぜひ、肩の力を抜いて取り組んでみてくだ
さい！

> **HINT**
>
> 最初は、自分がテーマにしたいジャ
> ンルに、どれだけのチャンネルや動
> 画が存在するのかを検索してみま
> しょう。YouTubeが巨大な存在に
> なった今もなお、人気を集めるチャ
> ンネルがないジャンルは数多く存在
> します。そのようなジャンルの場合、
> 差別化よりも「先行者」としての位置
> を押さえる方が有効です。キーワー
> ドを変えつつ、関連する事柄の状況
> を徹底的にリサーチしましょう。

差別化のパターン例

「権威性」を利用する例

項目	詳細
履歴（学歴・職歴）	「東大生（卒）が〜」のような学歴、「元○○勤務〜」のような社会一般で「箔（はく）」が付く履歴は、YouTubeチャンネルの差別化に利用できます。
プロ	現役のプロ・識者が「解説」「使っているアイテムを紹介」といったチャンネルも差別化の定番パターン。履歴との組み合わせも有効です。
地名	「銀座」や「白金」などの高級感、「京都」「浅草」といった伝統感、そのほか海外などの地名も差別化に利用しやすい要素です。
金額	販売価格、これまでかかった費用など大きな数値の金額は、ストレートな権威性の一つとして利用できます。

「ギャップ」を利用する例

項目	詳細
性別	男女それぞれのイメージが強いジャンルにおいては、逆の性別の人が前に出ることで容易に差別化できます。
年齢	最新のジャンルや体力が必要な物事に高齢者、古いイメージのある物事に若者など、年齢感のギャップも差別化に利用しやすいポイントです。
国籍・人種	日本的な分野・文化を外国人が解説するといった国籍・人種のギャップは、好意的なイメージも伴って受け入れられやすい分野です。
金額	高額なイメージのある分野を安価に、チープなイメージのものに多額をかけるといった金額面のギャップも定番手法の一つです。

「親しみ」を利用する例

項目	詳細
レベル感	技術の習得などが難しそうな分野は、「初心者のための」「初心者が挑戦」といった、ハードル・レベル感の低さを強調するのも有効です。
地域	県名、市町村名などを具体的に絞ると、ある一定の注目やニーズを確実につかみやすくなります。
ネガティブな要素	「非モテ」のようなネガティブな属性・要素も、共感を生む材料としては有効に機能する場面があります。
世代	「団塊ジュニア」「バブル世代」のような、大枠で捉えられた世代イメージも、親しみを生む材料としては有効に機能します。

最新のトレンドを探る

#Win #Mac #iPhone #Android

PART 3

公開直後に再生数を稼ぐには、トレンドの意識が不可欠。ここでは「Googleトレンド」というサービスを利用し、ネット上のユーザーが今一番関心を持っているトピックをリサーチする方法を解説します。

「瞬発性」を使うか否か？

　再生数の伸びやすい動画の理由の一つに、**時流の話題にピッタリ合っていること**が挙げられます。チャンネル自体のテーマやトピックの種類にもよりますが、トレンドとなっている、またはトレンドになりかけている事柄に関する動画をジャストのタイミングでリリースするのは、有効な手段といえるでしょう。そうした施策をとるなら、特にインターネット上でのトレンドをいち早く察知することが重要です。トレンドを探るのに有効なのが、Googleの検索データからトレンドを割り出せる**「Googleトレンド」**（https://trends.google.co.jp/trends/）です。

　Googleトレンドは、過去24時間から、年ごとに至るまで、どういったトピックに関する検索が多かったかを基準に、ランキング形式で表示します。個人の主観による肌感覚ではなく、数字を基にしたリアルなトレンドを探ることができます。急上昇ワードの「毎日の検索トレンド」や「リアルタイムの検索トレンド」より、いま世の中で何が検索されているのか探りましょう。

　なお、こうしたデータを利用する**瞬発性**に特化した動画は発表直後が命で、長期間にわたる再生は期待しにくいものです。瞬発性のある話題をどこまで重視するか、自分の中でスタンスをはっきりと決めておくとよいでしょう。

> **HINT**
> トレンドに乗ることは「バズ」に不可欠な要素ですが、同時に「陳腐化」の危険性も意識する必要があります。

▶ 毎日の検索トレンド

日ごとの検索数ランキングが表示されます。各トピックをクリックすると、その項目が話題となるきっかけとなったり、細かな情報が記載されたWebサイトが表示されます。初めて遭遇する話題でも、短時間で大枠をつかむことができます。直近で制作する動画の題材を考える際の参考にしましょう。

▶ リアルタイムの検索トレンド

「リアルタイムの検索トレンド」では、さらに短いサイクルのトレンドを調べることができます。順位などは短時間で入れ替わるものの、話題の頂点に差し掛かる前のトピックに出会えます。鮮度を重視するチャンネルなら、チェックしておきたい項目です。

チャンネルを複数管理する

#Win #Mac #iPhone #Android

人気のバロメーターとなる「チャンネル登録」はチャンネル単位で行われます。1つのチャンネルで多様な実験を行うよりも、テーマやニュアンス別にチャンネルを分けるというのも有効な手段です。

チャンネルの「方向性」を安定させる

　初めてYouTubeチャンネルを作ったときは、思い入れの深いそのチャンネル内でいろいろな動画の配信を試したくなるものです。一方、芸能人のチャンネルなどYouTube以前からのファンが集まる場合は別として、チャンネル登録を行った時点とあまりにも違うコンテンツばかりが公開されると、登録解除までは行かなくとも、なかなか再生数が伸びないという事態につながりかねません。チャンネルは複数作ることができるので、テーマごとにチャンネルを分ける（**サブチャンネル**を作る）ことで、なるべく方向性がブレないようにしましょう。

　チャンネルを複数作ることは、何らかの理由でチャンネルが停止された場合のリスクヘッジにも有効との見方もありますが、**完全に別のGoogleアカウントを作らない限りは、各々の関連性を断ち切ることはできません**。1つのチャンネルでガイドライン違反があった場合、ほかのチャンネルにもペナルティが及ぶ可能性もあるので、実験用のチャンネルでも無謀すぎる内容は控えるのが賢明です。

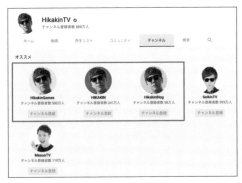

YouTuberの代名詞的存在のHikakinさん。メインの「Hikakin TV」に加え複数のチャンネルを運営。「サブチャンネル」は、多くの人気チャンネルが取り入れている基本的な施策の一つです。

サブチャンネルの管理

　1人のユーザーは、最大**100のサブチャンネル（ブランドアカウント）を作成可能**です。かなり余裕があるので、ターゲットやテーマを変化させたサブチャンネルを複数作成して、成功パターンを探ってもよいでしょう（作成方法はP.16参照）。

　各々のチャンネルの概要欄には、**任意のURLへのリンク**を掲載できます（P.46参照）。メインチャンネルとターゲットやテーマが関連する場合には、サブチャンネルへのリンクを置いておきましょう。テーマに関連性がない場合や、同一の運営と分からない方がよい場合は、リンクを掲載する必要はありません。

YouTube Studioの「カスタマイズ」→「基本情報」タブより、チャンネルに任意のリンクを追加できます。

▶ チャンネルの管理を委託する

　サブチャンネルは、他人に権限を付与して管理を任せることもできます。権限には種類がありますが、動画のアップロードと編集ができ、かつチャンネルの削除や契約変更などが制限された**編集者**権限が妥当です。

YouTube Studioの「設定」→「権限」→「招待」クリック。管理を任せたい人のGoogleアカウントにひも付いたメールアドレスを入力し、アクセス権を選択して招待します。これが承認されると、チャンネルの所有者と同様に動画の投稿や情報の編集などが可能となります。

PART 4

初心者でも
確実にとれる！
収録と機材のキホン

動画を撮影する 機器の種類と特徴

SCENE
01

#Win #Mac #iPhone #Android

動画を作る上で、欠かすことのできないアイテムの代表といえば「カメラ」です。現在どのようなものが普及しており、各々にどのような特徴があるかをチェックしてみましょう。

今や「王道」スマホの内蔵カメラ

YouTubeへの投稿で一番大切なのは**モチベーションの維持**。誰もが肌身離さず持っていて、かつ手軽に撮影できるスマホのカメラは撮影のモチベーション維持にも一役買います。一定の水準は超えた画質の機種も増えているので、YouTube動画の撮影も問題ありません。むしろ今では、大半の動画がスマホで撮影されています。

スマホの内蔵カメラは、**アプリ**を使うことでより性能を発揮できます。例えばiPhone／Android対応のビデオカメラアプリ**FiLMiC Pro**はスマホでも色温度や露出・シャッタースピードの調節、低圧縮での記録など業務用ビデオカメラ並みの細かな設定が可能。実際に業務の補助として使われるほどの本格仕様です。

▶ スマホの内蔵カメラのポイント

・「今すぐ始められる」のが最大の魅力
・基本性能は必要十分
・アプリの使用でカメラ専用機並みの詳細設定も！

いつでも、どこでもすぐに撮影開始できるのは大きなメリット。迷ったらまずスマホで始めることを強くおすすめします。

ビデオカメラアプリ「FiLMiC Pro」（P.232参照）。このようなアプリであらかじめ映像の色味を設定してから撮影すれば、後で動画編集ソフトを使って調節する必要もなくなるので、簡単かつ高品質な動画を制作できます。

「ビデオカメラ」を使うことのメリット

　動画撮影の主流がスマホに移ったとはいえ、動画撮影に特化しているビデオカメラならではのメリットもあります。スマホにはない**高倍率のズーム**や**強力な手ぶれ補正機能**を備え、暗所での撮影にも威力を発揮します。長時間撮影に対応する**大容量のバッテリー**を搭載した機種が多いのも魅力的です。また、スマホでの撮影中はメッセージの送信やWebの閲覧などができませんが、動画撮影専用のビデオカメラならそういった不便もありません。

　2010年以降のモデルなら画質も十分なものが多いので、すでに所有していたり、中古で安く手に入るなら、それを利用してもよいでしょう。

▶ ビデオカメラのポイント

- ・スマホより強力なズームや手ぶれ補正機能がある
- ・動画撮影中にスマホが使える
- ・2010年以降のモデルなら画質も十分

ビデオカメラの代表的なメーカーとしては、SONYやPanasonicが挙げられます。現在ではスタンダードなビデオカメラはもちろん、Vlogなど現在流行の撮影スタイルに最適化された新機軸のモデルも登場しています。SONYの「VLOGCAM ZV-1」（https://www.sony.jp/vlogcam/products/ZV-1/）はメーカーのWebショップで¥99,901（税込み）です。

数段上のクオリティ「一眼カメラ」

　もともとは写真撮影を主用途としてきた**一眼カメラ**も、現在は大半の機種が動画撮影に対応しています。一眼カメラは、スマホより大きいイメージセンサーを搭載しているため、もちろん**画質はハイクオリティ**。画質にこだわりたいなら、候補に入れたいところです。

　また一眼カメラは用途（倍率や明るさなど）に応じてレンズを交換できるようになっており、本体の性能以上に使用する**交換レンズ**により映りが大きく変わります。レンズは数万〜数十万円と高価ですが、レンズマウント（メーカーごとの規格）が合えば、故障や買い替えでカメラ本体が変わってもそのまま使用できます。

▶ 一眼カメラのポイント

・業務用としても使われる高画質
・本体以上にレンズの選択で映りが大きく変化する
・扱いにはある程度の知識が必要

PanasonicのGHおよびSシリーズ（https://panasonic.jp/dc/products.html）、SONYのαシリーズ（https://www.sony.jp/ichigan/）は、テレビ番組や映画の撮影でも使われるほどの高画質。画質にこだわりのあるYouTuberの間でも定番になっています。

よいレンズを使うと美しい背景ボケを伴う、映画やCMのような表現も可能です。ただ、理想的な撮影をするためにはある程度カメラの知識を身に付ける必要があります。

悪条件にも強い「アクションカメラ」

アクションカメラは体に装着してハンズフリーで撮影できる小型のビデオカメラのことで、**ウェアラブルカメラ**とも呼ばれます。

高画質であることに加え**映像のぶれを補正**する機能を持っており、例えばスポーツ試合中の選手の体に装着していても、非常に明瞭な映像を撮影できます。躍動感や臨場感あふれる動画が撮影できることで人気を博し、ビデオカメラの一大ジャンルとして大きな存在感を放っています。小型・軽量で持ち運びも容易なので、「スマホのほかにもう1台」という場合にもおすすめです。

▶ アクションカメラのポイント

・超小型ながら高画質な撮影が可能
・水や衝撃などの悪環境にも強い
・広い範囲が映り、非常にシャープな映像を撮影できる

アクションカメラの代表とも言えるGoProシリーズ (https://gopro.com/ja/jp/)。小型ながら高画質で人気です。手ぶれ補正により、動きながらの撮影でもなめらかな映像が得られます。

水やホコリにも強いので、野外スポーツや雨が降った場合の屋外撮影などでも安心して撮影を続けられます。広い範囲を撮影できるため、周囲の雰囲気まで含めた映像を撮りやすいのも特徴です。

音をクリアにとるための 道具とは？

#Win #Mac #iPhone #Android

ある程度まで動画を作った人が口を揃えて言うのが「音の重要性」です。音質を高める方法は無限にありますが、ここでは手っ取り早く音質向上を体感できる「マイク」の基本について解説します。

カメラの内蔵マイクでは不十分

トーク中心の番組は、画面を見ずに音だけをラジオのように聴く、といった使われ方もします。このとき、声が聴き取りづらいと最後まで再生してもらえない可能性があります。

視聴者にとって、音声が聴き取りづらいときに感じるストレスは映像の比ではありません。ある程度動画を制作してくると必ずこの問題に気が付き、**音を改善したい**という壁に直面することでしょう。

音が聴き取りづらい原因の多くは**カメラの内蔵マイク**を使って録音をしていることにあります。内蔵マイクの多くは、性能が「ほどほど」に抑えられています。また登場人物とカメラの距離が、映像上ではちょうどよく見えても**内蔵マイクにとっては遠すぎる**という場合もよくあります。ここでは、声の録音改善に効果の大きいタイプのマイクについて、基本的な特徴をご紹介します。

カメラの内蔵マイクは本体の小さな穴の中に装着されていることが多く、必要な音の方向にマイクを向けるといった対応ができません。また、コストが画質の方に傾きがちで、高価な一眼カメラでもマイクの性能はあまりよくないこともあります。

外付けのマイクを使う

　スマホの撮影でも、**外付けマイク**を追加することで音質が大きく向上し、臨場感が全く違ってきます。外付けマイクは持ち運びが簡単にできるよう、小さく軽量なタイプが多いです。購入する際は、「iPhoneはライトニング端子、AndroidはmicroUSB端子」のように、端子に合うものを選びましょう。

　アクションカメラも外付けマイクを装備すると、はるかにクリアな音声収録が可能になります。オプションで購入できるタイプもあれば、外付けのマイクが初めから付属しているものもあります。

　外付けマイクは手軽に導入できるのが最大のメリットですが、スマホやカメラの本体に固定されている限りは、話者などの**音源から距離が離れてしまいます**。直接マイクを近づけたような明瞭さは望めないでしょう。

▶ 外付けのマイクのポイント

・手軽に音質を大幅アップできる
・音源にマイクを近づけるレベルのクリアさは望めない
・ケースなどほかのオプションと干渉して装着できない場合もある

iPhone/iPadのライトニング端子に直結できる、Shureの「MV88」(https://www.shure.com/ja-JP/products/microphones/mv88)。価格は楽天市場で¥23,460（税込み）です。内蔵マイクよりも幅広い音域を記録できて、マイク自体の角度を最適な方向に調整できます。

「GoPro Hero9」(https://gopro.com/ja/jp/shop/cameras/hero9-black/CHDHX-901-master.html) に取り付ける専用のメディアモジュラー。価格はメーカーのWebショップで¥9,500（税込み）です。モジュラーには高性能なマイクが搭載されている上、ほかのマイクをつなぐための音声端子も増設できます。

指向性の鋭いマイクを使う

　テレビや映画の収録で見かける長いマイクは通称**ガンマイク**（ショットガンマイク）と呼ばれ、横方向の音をあまり拾わず、向けた方向の音を集中して拾う性質があります。これを**指向性が鋭い**と表現します。指向性の鋭いマイクは周囲の雑音をある程度抑えることができるので、インタビュー収録などに利用されています。

　ガンマイクは、ケーブルを延ばすことで音源のすぐ近くでクリアに収録できることがメリットです。なお、望遠レンズのように離れた場所から狙った対象だけを収録するという機能はありません。

▶ ガンマイクのポイント

・横方向の音を大幅にカット
・カメラ本体から離しての収録も可能
・「望遠レンズ」的な使い方はできない

SENNHEISERの「MKE600」(https://global.shop.sennheiser.com/ja/products/mke-600)。価格はメーカーのWebショップで¥40,300（税込み）です。一眼カメラに取り付けることで、周囲の雑音を抑えクリアな音質の動画が撮影できます。業務用の機種に近いサウンドを4分の1ほどの価格で入手できるので、コストパフォーマンスに優れたおすすめのモデルです。

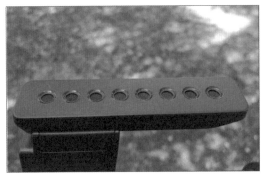

ガンマイクは本体が長いものが多いのですが、SONYのαシリーズ専用マイクの「ECM-B1M」(https://www.sony.jp/ichigan/products/ECM-B1M/) は複数のマイクで聴き取った音声をデジタル処理することで、小型ながら鋭い指向性を実現します。価格はメーカーのWebショップで¥38,500（税込み）です。

ピンマイクを使用する

テレビ番組の出演者などが胸元に着けている**ピンマイク**（ラベリアマイク）は、人間の口など音源の近くで一定の距離を保ちながら収録できるので、とても聴きやすい音質の動画ができます。マイクを持つ必要がなく出演者の動きを制限しないのもメリットです。全方向からの音を拾う**全指向性**タイプと、特定の方向から入る音のみを拾う**単一指向性**タイプが主流です。

ピンマイクは、**ワイヤレスタイプ**が一番多いです。マイク側には音声を電波で届ける送信機がセットになっており、カメラ側に受信機を取り付けて電波を受信します。ワイヤレスタイプは、送信機と受信機の距離が離れすぎたり、周囲にある機器の影響で電波障害が起こると音声が途切れてしまう可能性があります。Wi-FiやBluetooth機器が近くにある場合は、互いの電波が干渉する可能性があるので、影響がないか収録前にチェックしましょう。また、乾電池や内蔵バッテリーの容量にも注意しましょう。多くの機種は受信機側で送信機の電池残量も確認できます。

▶ ピンマイクのポイント

・人の声を間近で明瞭に収録できる
・全指向性タイプと単一指向性タイプが主流
・電波を使用するので、音声の途切れやノイズに注意する

手頃な価格で高性能なマイクをリリースしているRØDE（https://ja.rode.com/）のワイヤレスマイクシステムです。送信機の「TX-BELT」（実勢価格はビックカメラ.comで¥30,800、税込み）にピンマイク、受信機の「RX-CAM」（実勢価格はビックカメラ.comで¥28,440、税込み）にカメラを取り付けて使用します。

RØDEの「Filmmaker Kit」は送信機の「TX-BELT」と受信機の「RX-CAM」、さらに写真のピンマイクがセットになっています。実勢価格はビックカメラ.comで50,220（税込み）です。ピンマイクのみなら、「Lavalier GO」として単体販売もされています。実勢価格はビックカメラ.comで¥11,330（税込み）です。比較的安価ながら安定した音質での収録が行えるので、初心者にもおすすめです。

SCENE 03 撮影の必需品！「三脚」

#Win #Mac #iPhone #Android

カメラやマイクといった収録機器以外で忘れてはいけないのが「三脚」です。多数の製品が販売されていますが、購入する際に特に重視すべきポイントをチェックしておきましょう。

三脚だけでスマホの映像が激変する！

これから撮影機材一式を揃えるなら、高性能なカメラやマイクよりも真っ先に購入してほしいのが**三脚**です。

見づらい映像の原因として筆頭に挙げられるのが**手ぶれの多い動画**。どんなに高価な業務用カメラでも、限度を超えて手ぶれしている映像はとても視聴するに堪えません。一方で無駄な揺れがなく安定すると、スマホのカメラであっても、不用意に手持ちで撮影した場合よりもはるかに高画質に見えます。これは感覚だけでなく、無駄な揺れがないことにより実際にノイズが減り高画質になるのです。

ないよりもあることが最優先ではありますが、動画特有の事情も踏まえて選ぶとベターです。例えば、軽すぎる三脚を使って屋外で撮影すると、風や車の振動などで映像が揺れてしまうこともあります。シャッターが下りる瞬間だけ静止すればよい写真と違い、動画では撮っている間はずっと安定をキープする必要があります。三脚を購入する際は、そのような点も意識してください。

ビデオ用の三脚も存在します。Libec の「TH-X」（https://www.libec.co.jp/products/th-x/TH-X.html）は店舗価格¥34,000（税別）です。ビデオ用の三脚は撮影中に方向を動かしたとき、油圧などの力でなめらかに動くような仕組みになっています。動きの多いものを撮影するなら必需品です。

三脚を選ぶときの基本ポイント

　三脚にはネジが取り付けられており、そのネジにカメラを取り付けます。たいていの三脚は**4分の1インチ**というサイズのネジが使われており、カメラもこのサイズに対応しています。どの三脚を購入してもだいたいのカメラが取り付け可能です（GoProなど規格が違うものもあります）。ただし、例えばコンパクトカメラを取り付ける前提の細い三脚に数キロの一眼カメラを装着すると、三脚が耐えきれず映像が揺れてしまったり、最悪の場合は転倒する可能性もあります。載せる機材の重量には特に注意しましょう。

　スマホも三脚に固定すると、画質が数段上がったと感じるほど安定した映像を撮ることができます。スマホにはネジ穴はありませんが、スマホに三脚を取り付けるアダプタが量販店や100円ショップなどで入手できます。

▶ 三脚のポイント

・三脚の取り付けネジはどれも4分の1インチで共通
・重量のあるカメラを載せる場合は、しっかりした製品を選ぶ
・スマホ用の三脚取り付けアダプタは手軽に入手可能

三脚の4分の1インチネジ（左）とカメラのネジ穴（右）。たいていのカメラのネジ穴は4分の1インチの規格に準拠しています。

Manfrottoの「PIXIクランプ」（https://www.manfrotto.com/jp-ja/pixi-clamp-for-smartphone-with-multiple-attachments-mcpixi/）はスマホ本体を挟んで、三脚に取り付けられるアダプタ。価格はメーカーのWebショップで¥1,883（税込み）です。スマホをメインに使用するなら三脚とあわせてこういったアダプタも用意しておきましょう。

PART 4

映りに差をつける「照明」

SCENE
04

#Win #Mac #iPhone #Android

映像の質を高めるためにはカメラの性能ももちろん大切ですが、ある意味でそれ以上に大切なのが「照明」の扱いです。初心者でも扱いやすい機種を選ぶポイントを紹介します。

上質な映像は照明の力によるもの

　YouTubeでまるで映画のような画質のコンテンツを見たことはありませんか？高画質の動画は多くの場合、カメラの性能よりも**照明**による効果が大きいのです。テレビのスタジオ観覧に行ったことがある方は、テレビ画面で視聴している印象よりもかなり強く舞台に照明が当てられていることに驚いたのではないでしょうか。

　肉眼では十分に明るいと感じる部屋でも、撮影用の照明がないと、どこか薄暗い印象になります。逆に照明をしっかり配置した放送用のセットで撮影すれば、スマホのカメラでも驚くほどきれいに撮影できます。もちろんそこまで本格的なものを準備するのは敷居の高い話ですが、ほんの少し照明を足すだけで、**いかにも自宅で撮ったような**薄暗い部屋の雰囲気を大きく低減できます。

　なお、照明は**明るさを足す**より**見せたいものを明瞭にする**目的で利用します。単純に対象物を明るくするだけでなく、**どう影を作るか**という視点で照明を設置すると、動画の印象をガラッと変えられます。

均一に照明を当てた場合（左）と、意図的に影を作った場合の例（右）です。均一な光は平面的な印象を与える場合も多いです。あえて影を作ることで、質感や高級感を演出できます。

扱いやすい照明選びのポイント

　さまざまなシーンに使えるおすすめの照明は、小型で軽量、発熱も少ない、フラットなタイプの照明です。なお、ACアダプタや乾電池のほか、**カメラ用のバッテリー**が使えるものもあります。例えば、SONYのカメラに対応しているバッテリーのNPシリーズ（https://www.sony.jp/handycam/acc/#fragment-1447）は、対応する照明にも利用できます。配線もなく、乾電池よりも持ち時間が長いので、カメラ用バッテリーに対応した機種がおすすめです。

　製品の多くは、ダイヤルで**明るさをコントロールできる**ようになっています。逆に言えば、それが照明選びの最低限の条件と考えましょう。また、光の**色温度**（色合いを示す数値。高いと青みが強く、低いと赤みが強くなる）を変更できる機種は、場所や被写体に最適な色で利用できるので便利です。

　可能であれば、**照明は複数台使う**ことをおすすめします。意図しない場所にできてしまった影を、反対側からも照射することで消すなどの対策が行えます。

▶ 照明のポイント

・バッテリー駆動タイプはセッティングが楽になる
・明るさと色温度を調節できるモデルが便利
・複数台の利用が理想

VILTROX（https://viltroxstore.com/ja）の「L116T」。実勢価格はAmazonで¥4,550（税込み）です。LED照明の大きさはさまざまですが、まずはA5判程度の面積のものが扱いやすいでしょう。

照明のフィルターを寒色と暖色に変えて撮り比べてみました。食べ物の場合、暖色気味の方がおいしそうに感じられます。

SCENE
05 よりバラエティ豊かな 映像を撮るツールとは？

#Win #Mac #iPhone #Android

映像表現において特に大きな影響を与えたのが、手軽に空撮できる「ドローン」と、撮影を安定させる「ジンバル」です。それぞれここ数年で一気に普及した印象があります。改めてチェックしておきましょう。

身近な存在となった「ドローン」

ドローンとは、遠隔操作または自動操縦によって飛行する無人航空機の総称です。ラジコンのように飛ばして楽しむトイドローンから、荷物を運搬したり農薬を散布したりする産業・軍事用ドローンまでさまざまな種類があります。YouTuberが利用するのは主にカメラを搭載している空撮用のドローンでしょう。

現在では、高画質なカメラを搭載したモデルが10万円以下で購入できるようになるなど、かなり身近になっています。ただし、ドローンが墜落したり立入禁止区域に侵入したりしてしまうなどの危険な事例が増えるとともに、**規制が強化**されています。そのため、事前に規制されている内容を調べてから導入を検討すべきです。例えば、航空機などと衝突しないように操作すること、飲酒時に操作しないこと、イベントなど多数の人が集まる催しで操作しないこと、日中の間のみ飛行させることといった規制があります。また、飛行が禁止されている場所も多く、GPS情報により禁止区域では動作しないよう設定されているモデルもあります。遠方に撮影に出かけたのに目当ての場所が禁止区域だった……という事態を避けるため、事前のリサーチは必須です。

DJIの「DJI Mini2」（https://www.dji.com/jp/mini-2）。価格はメーカーのWebショップで¥59,400（税込み）です。199gと軽量で、手のひらに乗るサイズながら、最大18分間の飛行、最大6km離れての操作も可能です。

> **HINT**
>
> ドローンの飛行区域は、「ドローン飛行チェック」(https://www.dojapan.co.jp/
> didchecker/) などのアプリを使って調べることができます。また、ドローンについ
> ての規制や法令は頻繁に変わるので、利用の際はその都度最新の情報を確認するよう
> にしましょう。詳細は国土交通省のページ (https://www.mlit.go.jp/koku/koku_
> tk10_000003.html) に記載されています。

スムーズな手持ち撮影を実現する「ジンバル」

ジンバルは、手持ち撮影の際に発生する映像の揺れやぶれを軽減し、なめらかな
撮影を補助する機器です。カメラを装着すると、小型のモーターを内蔵したフレー
ムが揺れを感知し、**カメラの水平を常に保つ**ように微調整してくれます。しかし、
普通に歩くと意外と揺れが入るのに加え、一眼カメラなど重量のある機材を載せる
と手で持ちづらくなります。なめらかな撮影をするには慣れやコツが必要なので、
最初はこまめに結果を確認しながら練習をするとよいでしょう。ジンバルの恩恵を
手軽に受けたいなら、手のひらサイズのジンバル一体型カメラがおすすめです。

DJIの「Ronin-S2」(https://www.dji.com/jp/rs-
2)。価格はメーカーのWebショップで¥86,900
円（税込み）です。小型ながら、一眼カメラなど
重量のあるカメラも載せて使うことが可能です。

DJIの「DJI Pocket 2」(https://www.dji.com/jp/
pocket-2)。価格はメーカーのWebショップで
¥49,500（税込み）です。揺れの軽減に加え、特
定の被写体を追いかけるような撮影も可能です。

まずはここから！
撮影のキホン

#Win #Mac #iPhone #Android

動画の撮影は「うまく撮る」以前に、まず「決定的な失敗をしない」ことがポイントです。ここではカメラの種類を問わず使える、撮影の基本的なテクニックをご紹介します。

撮影に神経を集中させ、編集作業の手間を減らす

　読者の皆さんは、映像の公開を目指している以上はクリエイティブ志向の強い方が多いかと思います。しかしクリエイティビティにこだわるあまり**派手に効果が出る**部分にばかり着目してしまい、基本的な見やすさをおろそかにしてしまうとしたらもったいないことです。動画は写真に比べ視聴に一定時間を拘束されるため、時間がたつにつれ少しずつ違和感が積み重なり、ついには視聴をやめてしまう……。ということもあり得るからです。まずは見やすい映像を撮影することを意識しましょう。

　また、動画編集ソフトで加工できない部分は、撮影時にしっかりと対応しておかないと取り返しのつかないことになります。いずれにせよ、**撮影時に最大限の配慮をする**ことが、よい動画を作るための早道といえるでしょう。

余白を意識して撮影する

　動画の編集では、映像の切り替え部分で**オーバーラップ**させる（映っていた画面を徐々に消しながら新しい画面を表示して、場面を入れ替える）などの処理をよく行います。撮影時間があまりに短い動画は、オーバーラップに使う余白時間が足りなくなります。使いたい部分の前後2〜3秒以上は余分に撮影するよう意識しましょう。

動画編集ソフトでは、場面の切り替え時に前後の映像を重ね合わせるオーバーラップが可能。撮影時間には少し余裕を持たせ、切り替えの映像としましょう。

傾きに注意する

　映像が傾いていると、視聴者に不安定な印象を抱かせてしまいコンテンツの信頼性が低下します。そのため撮影時は、特に意図がない限りは**映像を水平に保つ**ことが基本です。

　水平を確認するために使用するのが**水準器**で、多くの場合三脚に付属しています。三脚に付いていなくてもカメラショップで安価に購入できるので、1つ持っておくことをおすすめします。カメラによっては、傾きセンサーを内蔵し、画面上に傾きチェックの表示を出せるタイプもあります。これなら三脚を使用しなくても、常に水平を確認できます。

映像が不自然に傾いてしまった例。被写体に注目しているとつい見逃しがちですが、水平線を確認すると傾きが一目瞭然です。

三脚の水準器。液体が入っており、気泡が赤丸の中に入っていれば水平です。

カメラの水準器。内蔵センサーで感知しており、三脚がなくても簡単に水平を確認できます。

PART 4

レンズによる見え方の違いを意識する

　カメラのレンズには、**対象物を大きく写す（＝対象範囲を狭く写す）望遠レンズ**と、**対象物を小さく写す（＝対象範囲を広く写す）広角レンズ**があります。ビデオカメラや一眼カメラ、コンパクトデジカメは1つのズームレンズで望遠・広角に対応できますが、スマホは本体が薄くズームレンズが搭載できないため、**焦点距離の異なる複数のレンズ**を搭載したモデルが増えています。レンズの違いで映像の印象が大きく変わることを意識し、効果的に使い分けましょう。

レンズを3つ内蔵したiPhone 12 Proの標準カメラの標準レンズ（表記は「1x」）で撮影した場合。なお、「標準」といっても機種によって焦点距離は異なります。

望遠レンズ（「2x」）で撮影した場合。写る範囲が狭くなり、ピントが合った部分の前後がボケやすくなります。ボケを生かして対象物の印象を際立たせることができますが、手ぶれが目立ちやすいので三脚の使用も検討しましょう。

広角レンズ（「0.5x」）で撮影した場合。広い範囲が写る分、全体的にシャープで手ぶれも目立たなくなります。手持ちで歩きながらの撮影にも向いています。

ピントを「意識的」に設定する

　対象物にピントが合っていないと、映像がぼやけて見える、いわゆる**ピンボケ**動画になってしまいます。

　カメラはピントを自動で合わせる**オートフォーカス（AF）**が標準で搭載されています。ただ、オートフォーカスは手前のものに優先してピントが合う場合が多いので、奥に合わせたい場合はオートフォーカスの設定を変更しましょう。スマホでは、ピントを合わせたいポイントをタップしてピント位置を調節できます。

　なお、手動でピントを合わせる機能を**マニュアルフォーカス（MF）**といいます。動画の途中でオートフォーカスによりあちこちにピントが移ってしまうと映像が見づらくなるので、静止した状態で撮影する際は、マニュアルフォーカスでピントを完全に固定すると、安定感のある映像になります。スマホでフォーカスをロックするには、カメラを長押しすると固定されます（Androidは機種によって異なる場合もあります）。一眼カメラなどでは、**コンティニュアスAF**機能を使うと特定の被写体にピントを合わせ続けることができます。ちなみに、アクションカメラの超広角映像は全体にわたって明瞭に映るため、基本的にピントに気を使う必要はありません。

iPhone標準のカメラアプリで撮影しています。人物や動物を撮影するなら、目にピントを合わせるのが基本です。ほかの場所に合ってしまう場合は、スマホの画面をタップするなどで意識的にピントを合わせましょう。

あえて奥の置物をタップしてピントを合わせました。距離によっては、手前がボケて印象的な映り方になります。

フレームレートと解像度を理解する

SCENE 07

#Win #Mac #iPhone #Android

映像を撮影・編集する上で不可欠なのが「フレームレート」と「解像度」に関する知識です。ここでは、フレームレートと解像度の基礎知識と、それぞれの特徴について紹介します。

映像の見え方やクオリティに大きく影響する要素

▶ フレームレート

　動画が動いて見えるのは**パラパラ漫画**と同じ原理です。カメラで撮影された動画は、連続して撮影された大量の静止画と同じで、再生の際はそれらを高速で切り替えることで動きを見せています。

　動画は**1秒間に何枚（何コマ）の画像を見せるか**でなめらかさが大きく変わります。その値を**フレームレート**と呼び、「fps」という単位で表します。フレームレートが多いほど映像はなめらかに見えますが、見せたい内容によってはあえて低くすることが有効なこともあります。例えば暗い場所では、フレームレートが低い方が光をたくさん取り込める分、被写体が映りやすくなります（ただしぶれが大きくなります）。また60fpsの映像は、より現実味のあるものになります。フィクションのような印象を出したい映像の場合はあえて24fpsなど低めに設定すると、よりイメージに合った映像になるでしょう。

▶ 解像度

　コンピュータ上の1枚1枚の画像は、細かな点（ピクセル）の集まりでできています。このピクセルの数を**解像度**と呼び、画面の解像度は「横のピクセル数×縦のピクセル数」で表します。こちらも数値が大きいほどより細かい部分まで描写できますが、大きいほど編集にも視聴にもそれなりのマシンパワーが必要になります。なおフレームレート、解像度ともに、各種カメラやスマホの「設定」より変更できます。なお、ピクセルは「p」で表記されることもあります。

フレームレートと解像度の選び方

撮影した動画のフレームレートと解像度は、**編集アプリで変更**できます。ただ、高い値で設定したものを低くすることはできても、その逆はできません。なるべく高い値のフレームレートと解像度で撮影することをおすすめします。ただ、不必要に毎回高画質で撮影しても、パソコンへの負荷が大きくなるだけです。おすすめの設定は、**フレームレート：30fps、解像度：フルHD**です。

よく使われるフレームレート

フレームレート	特徴
30 (29.97)	1秒間に30コマ。「30fps」「30p」とも表記されます。日本やアメリカでは映像全般で最も多く使われており、特に理由がなければこれを使います。場合により「29.97」という数値が使われることがありますが、YouTube動画の制作においては基本的に30と同じと解釈して構いません。
60	1秒間に60コマ。「60fps」「60p」とも表記されます。標準的な30fpsの倍になるため非常になめらかで、パソコンやゲーム機の画面なども多くは60fpsで表示されています。スポーツなど動きの激しいものは生々しい臨場感が出る一方、コマ数が多いので、データの量や、編集・再生で機器にかかる負荷も大きくなります。
24	1秒間に24コマ。「24fps」「24p」とも表記されます。映画や海外ドラマなどで多く使われます。コマ数が少ない分現実味が薄れて非現実感が生まれ、物語としての印象を深めることができます。

よく使われる解像度

解像度	特徴
フルHD	1920×1080ピクセル。「FHD」や「1080p」とも表記されます。現在の映像全般で最も普及している解像度で、テレビ放送やBlu-rayディスクの映像なども、原則として同じです。YouTubeでもフルHDの動画が標準と考えてよく、カメラも標準的なモードではフルHD撮影が多いので、特に理由がなければこの解像度を使います。
HD	1280×720ピクセル。「720p」とも表記されます（まれにフルHDまで含めて「HD」と表記している場合もあるので注意）。フルHDよりやや小さいため画質は若干下がるものの、編集や書き出しを行ったときの快適さやスピードが上がります。スマホの画面で見るとフルHDとほとんど見分けがつかないので、スピーディに発信したい場合、フルHDよりも書き出し速度の速いHDという選択もあります。
4K	3840×2160ピクセル。「2160p」とも表記されます。フルHDの4倍という非常に高精細な映像で、現在販売されている大型テレビなどは多くが4Kの解像度になっています。高品質な一方、編集でパソコンにかかる負荷も大きく、またフルスクリーン以上程度の大画面でないとフルHDと違いが分かりにくいので、それなりの機材投資や手間が必要なのが現状です。
SD	640×480（またはそれに近い数値の表記もあり）ピクセル。「480p」とも表記されます。アナログ時代のテレビ放送やDVD、また2000年代頃のネット動画で使われていた解像度で、現在はあまり用いられません。

SCENE 08 「風景」を撮る際の ポイントとは？

#Win #Mac #iPhone #Android

自然の中から都会まで、場所の風景を撮影する際は、どうやって「写真と差別化」するかが大きなポイントです。特に「タイムラプス」は風景に時間の経過というアクセントが加わるため、非常に効果的です。

読者を飽きさせないための工夫とは？

どんな題材でも、撮ったときと後から視聴したときとでは感じ方が大きく変わるものです。中でも**風景**の動画は、現場で感じる視覚と聴覚以外のあらゆる要素が抜けることから、**退屈になりやすい**厄介な題材といえるでしょう。読者を飽きさせないためには、例えば山の風景を撮影する際に別途鳥や草花のアップといったアクセントになる映像も撮影しておきます。これらを編集で組み合わせると、**動画ならではの体験**に広がりが生まれ、飽きさせない動画が作れます。

映像を極端に早回しした**タイムラプス**は、風景に時間の流れを感じられるので、差別化に大変効果があります。雲や乗り物の流れといった分かりやすい要素があるとより効果的ですが、ほとんど動きのない場所でも、タイムラプス用の**雲台**があると、ゆったりとアングルが変わって飽きの来ない映像となります。収録に多少の時間がかかりますが、確実に使える映像になるので、ぜひトライしてみてください。

漠然と撮影した例（左）と、季節を意識して撮影した例（右）です。野外撮影の場合、天候以外にも季節（植物の状態、日没の時刻、セミの声など）、時間ごとの人出、海の場合は潮の満ち干といった要素も風景に大きく影響します。マストのイメージがあるなら、環境やタイミングをリサーチして撮影に臨むとよいでしょう。

ドラマチックなタイムラプスを撮るコツ

　野外でのタイムラプス撮影には、広角で撮影でき、急な雨などにも安心な**アクションカメラ**がおすすめです。安定した映像に仕上げるため、撮影時にはなるべくカメラの前を人などが通りにくいポイントを探して設置しましょう。

　雲台（うんだい）を利用するのもおすすめ。雲台とは、三脚などにカメラを固定する台のことです。タイムラプス用の雲台は、設定した時間に合わせて水平にゆっくり回転するので、カメラが自動で動いて面白い映像が撮影できます。

タイムラプス用の雲台にはゼンマイで動くものもありますが、時間をピッタリとコントロールできる電動式がおすすめです。

タイムラプス雲台を使って撮影した動画からの抜き出しです。人や雲の変化にアングルの推移まで加わると、見る人を飽きさせない風景動画を撮ることができます。

SCENE
09

「動かないもの」を撮る コツとは？

#Win #Mac #iPhone #Android

魅力的に見せようとする場合に苦労するのが、「自ら動かないもの」の撮影です。「動き＝時間の流れ」と意識すると、さまざまな方法を思いつきやすくなります。

動き（時間の流れ）をどう表現するかがポイント！

　動きがないものを動画で撮ることは、よりよく表現しようと考えるほどに撮影が難しい題材です。例えばフィギュアや化粧品などのグッズを紹介しようとして、肉眼でじっくり見回すような意図でカメラを細かく動かしても、手ぶれしたような見づらい映像になりがちです。これを避けるためには、動画に**ある一定の時間に沿った動き**を付けてやるのが得策です。

　被写体が動かせるなら、**回転台**などを使って一定方向に動かすことで、一気に写真と違った魅力ある見え方に変わります。専用の道具でなくとも、台車や回転する椅子など、身近なアイテムも応用できます。また、多くの動画編集ソフトでは、写真を徐々に拡大・縮小、または上下左右に移動させるなどの**アニメーション**を付加できるので、この機能を使って動きを表現する方法もあります。「時間の流れ」を意識して、さまざまな表現を作ってみましょう。

動きを付ける便利アイテム

　回転台は家電量販店やホビー関連の売り場で数百円程度から購入できます。なお、回転台は被写体側だけでなく、照明側に利用するのも手です。**光の当たり具合の変化**で動きを表現できます。

　レールの上を平行移動できる**スライダードリー**を使うと、カメラ側を安定して動かせるので、動かせない被写体にも動きを付けられるなど撮影のバリエーションが広がります。手動と電動があり、手動の方が安価で入手しやすいですが、一定の速度で動きを付けたいなら電動がおすすめです。

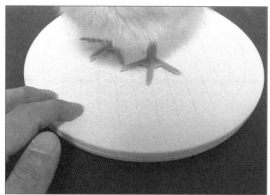

回転台は、手で動かすタイプや、スイッチで動かせる電動のものもあります。手で回す安価なものは「テレビ用」として一般の量販店でも入手しやすいでしょう。電動のものは、プラモデル売り場などのホビー関連の売り場でよく販売されています。

PART 4

照明を回転台に載せ、被写体に当たる光を動かしながら撮影している例です。安価な回転台を数個用意しておき、被写体と照明それぞれを動かしたパターンを撮っておくのもよい方法です。

スライダードリーは、端から端までをどれぐらいの時間で移動するかで速度を設定して撮影します。写真はASHANKSの40cm電動スライダーですが、現在は後継機が発売されています。その中の一つ「C300S-120CM」（https://www.amazon.co.jp/dp/B077Z7Y3PS）は、Bluetooth制御で、スライダーの長さは120cmあります。実勢価格はAmazonで¥41,999（税込み）です。

「料理」をよりおいしそうに撮影したい！

#Win #Mac #iPhone #Android

料理で一番大切な要素は味ですが、もちろん現在のテクノロジーでは映像を通して味覚を直接転送することはできません。そこで、より強く本能に訴えかけるような工夫が必要です。

共感につなげるための独自の工夫を

テレビ番組の食レポではレポーターが言葉で味を表現しますが、かなり高いトーク技能が必要になるので、素人が中途半端に真似してもニュアンスは伝わりづらいかも知れません。

料理も「モノ」の一種ですので、前項のように**時間の流れを感じる要素**を加えることで、動画としてのレベルが大きく向上します。そのため、前項のテクニックを一通り応用できます。さらに、食べ物は直接手や舌で触れる機会の多い存在なので、**温度**や**触感**など直接的に体感する要素を表現できると効果的です。また、人がおいしそうに食べていたり見ていたりする様子を入れると、共感を呼びやすくなります。これらの要素と、さらに次ページで紹介する**色の要素**を組み合わせると、肉眼で見る以上に心をゆさぶる料理の映像を撮ることができるでしょう。

蒸しパンを撮影した例。湯気で出来たての温度を表現し、背後に見つめる子どもの表情を入れることで「おいしそう」という感情の共感を呼ぶよう意図して撮影しています。

料理は「暖色」で撮ろう！

　人の食欲を刺激するのは、赤や黄色などの**暖色**です。通常の色のバランスとしては蛍光灯の下で撮影した方が正しいのですが、料理に関しては暖色が際立つように撮影した方が、よりおいしそうに見えます。撮影時に電球をオレンジ系にしたり、カメラのホワイトバランスで色温度を下げ、暖色の色味に調節してみましょう。

　実際の撮影時の照明やカメラの設定で理想の色味に調節できればベストです。もしすでに撮影が終わっている動画の色味を調節したい場合、**動画編集ソフトでフィルターを使って加工する**という方法もあります。

同じ料理を、蛍光灯下での色と、暖色系の電球下で撮影しました。なお、鮮魚や野菜など調理前の素材は通常の色バランスの方がよく見える場合もあります。

iPhoneのカメラで撮影した動画に、「写真」アプリで「ビビッド（温かい）」のフィルターを適用しました。赤色が強調され、料理がよりおいしそうに見えます。

SCENE
11

「Vlog」を安定して
撮影するには？

#Win #Mac #iPhone #Android

ここ数年で急速に広がっているのが、日記（ブログ）の代わりに動画で
日常や旅行などの様子をまとめる「Vlog（ブイログ）」というスタイル。
Vlogを撮影する際にあると便利なツールをご紹介します。

自然体と安定感の両立がポイント

　文章による**ブログ**は個人の趣味から企業が発表するものまで幅広く作成されてい
ますが、その映像版として近年注目されているのが自分の体験を動画にまとめる
Vlog（ブイログ）です。厳密な定義があるわけではないものの、いわゆるテレビ番
組のようにきっちり進行されている映像ではなく、一日の出来事などをあまり装飾
せず自然な形でまとめたスタイルが主流です。なお、1つの映像を長く見せるより、
比較的短い映像をつないで1本の動画にするスタイルが主流です。

　ただし、あくまで**自然体に見えている**だけであって、撮影側は展開を考えている
ことがほとんどです。本当に適当に撮影しただけの映像は、すぐに視聴を止められ
てしまうので注意しましょう。

　Vlogでは出かけた先や何かを行っているときに言葉で状況や感想などを表すこ
とが多く、自撮り映像を交える場面も多くあります。そんなVlogならではのポイ
ントを認識しておくと、編集の手間がぐっと少なくなります。

HINT

無料のiPhone専用アプリ「DoubleTake」
(https://www.filmicpro.com/products/
doubletake/) は、iPhoneに搭載された
カメラのうち2つを同時に撮影できます
（マルチカメラ機能はiPhone 11 Pro Max、
11 Pro、11、XS Max、XS、XR、SE 2の
み対応）。例えば、散策中の風景を背面カ
メラで撮影しながら、前面カメラで自分
の顔を同時に撮影するというような使い
方が可能です。

PART 4

カメラとの距離を一定にする

　Vlogは自分で撮影しながら話すため、カメラの距離が近く声が明瞭に入りやすいという特徴があります。自撮りでは、毎回距離が大きく変わらないよう心がけると、音量が安定して聴きやすい動画になります。

自撮りの際は、カメラ（マイク）と自分の距離をなるべく一定に保ちましょう。音量が安定していると、視聴者のストレスも軽減されます。

アクションカメラで「手元」を撮る

　ぶれに強いアクションカメラは、**首掛け型のホルダー**を使って体と一体化しておくと、料理や工作などのVlogを撮影する際も両手がフリーになり作業しやすくなります。また三脚に固定して撮影するよりも、作者の視線に近く臨場感のある映像が撮影できます。

アクションカメラのホルダーは、Amazonなどのショッピングサイトで「ネックレス式マウント」などと検索することで探すことができます。

SCENE 12 「トーク」を撮影する際の コツとは？

#Win #Mac #iPhone #Android

1人で行う解説から、対談、グループでの座談まで、トークにもさまざまな形態があります。トークを収録する前に、音声を聴きやすく収録するためのポイントをチェックしておきましょう。

何より「声の聴きやすさ」を優先！

　P.159でも述べたように、トークが中心となる動画は映像の質も大事ですが、**聴きやすい声で収録する**ことが最優先事項です。声が聴きづらくなる要因はさまざまですが、中でも多いのが**残響が多すぎる**、**マイクから遠い**の2点です。

　残響（音源が停止した後も壁などに音が反射し響いて聴こえること）は場所の選び方に気を配るだけでかなり解消されるので、最初に音優先で収録場所を選んでから、映像上の見え方を工夫することで容易に対策できます。マイクの遠さに関しては、どんな機種に変えても、話者から離れた時点でクリアに収録するのは難しくなります。テレビのように話者全員にピンマイクを着けられれば理想的ですが、難しい場合は、イベント会場でも使われる比較的安価な**ダイナミックマイク**で対策しましょう。カラオケなどができるパーティ向けの小規模なスペースであれば、会場に用意されている可能性もあります。

意外かもしれませんが、トークの収録場所として会議室は向いていません。見た目優先で選ばず、次ページのような観点から場所を選ぶとよいでしょう。

トーク収録に向いた場所

　トークの収録に向かないのが、会議室などの「床や壁が硬い」「物が少ない」「広い」場所。**残響が多かったり、外部からの音が入っていたりする**と、聴きづらい動画になってしまいます。例えばカーペットが敷いてあり、ソファなどの柔らかい物が置いてあり、かつ広すぎない部屋を選ぶことで、音の反響を吸収して落ち着いた質感の音を録ることができます。書棚に並んだ本なども有効です。

　やむを得ず会議室などの収録場所を使用する際は、できるだけマイクを話者の近くに設置し、あまり声を張りすぎないようにすると、多少落ち着きます。

カーペットやソファなど「柔らかいもの」がある場所は、残響を低減するほか話者をリラックスさせる効果も期待できます。

解説動画などは、専門書の並んだ書棚を背景にすることで、音を吸収すると同時にセットとしても映えるので一石二鳥です。

畳やふすまなど、柔らかい素材の多い和室も残響の少ない落ち着いた音で録音できます。ただ、ふすまや障子は壁やドアよりも遮音性が低いので、周囲からの雑音に注意しましょう。

PART 4

複数の話者の声をバランスよく収録するには

　1本のマイクで複数の話者の声をバランスよく収録することは、専門家でも難しいものです。原則としてマイクを1人1本用意した方が、簡単かつクリアな録音ができます。ただ、どうしてもピンマイクなどの用意が難しい場合、ステージなどでよく使われる**ダイナミックマイク**を使うと、比較的安価で余計な音を入れずに収録可能です。カメラ内蔵のマイクだけで収録するしかない場合は、**声の小さい人を手前にする**など距離で音量の差を低減させる方法もあります。本番前にテストとして少し会話を録画して、バランスを確認しましょう。

　複数のマイクを使う場合は、**レコーダー**や**ミキサー**（P.140参照）に接続して、まとめてカメラ側に出力するか、またはレコーダーに別々に録音しましょう。

定番のダイナミックマイク、SHUREの「SM58」（https://www.shure.com/ja-JP/products/microphones/sm58）。実勢価格はAmazonで¥11,891（税込み）です。ステージなどではダイナミックマイクの貸し出しを行っている場合もあります。

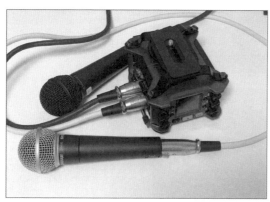

コンパクトで扱いやすいレコーダー、ZOOMの「F6」（https://zoomcorp.com/ja/jp/handheld-video-recorders/field-recorders/f6/）。実勢価格はヨドバシ.comで¥76,380（税込み）です。6本のマイクを接続して別々に録音できます。

話者の振る舞いのコツ

続いて、実際に話す側のポイントをお伝えします。

カメラのモニターを話者に向けている場合、モニターに目線が行っていると、**映像上では微妙に目線が外れてしまいます**。カメラ目線で話す際は、**カメラのレンズを見て話す**ように意識しましょう。

また、複数のカメラで同時に撮影する場合、視聴者に向けて話す際に見るカメラを**1台に限定する**のがおすすめです。ほかのカメラは意識しないようにすると、目線が泳ぐなどの不自然さのない映像に仕上げることができます。

モニター

レンズ

左はモニターを、右はレンズを見ながら撮影した例です。モニターを見ながら話すと、視聴者から目線が外れてしまいます。レンズを見ながら話をしましょう。

HINT

複数のカメラで同時撮影をする場合、編集によって言い間違いをカットしやすくなりますが、すぐに言い直すと編集でつなぎにくくなってしまいます。焦らずに一呼吸置いてから再開するように心がけましょう。

SCENE 13 「演奏」を収録する ポイントとは？

#Win #Mac #iPhone #Android

日々幅広いジャンルが投稿されており、YouTubeの中でも人気を集める「音楽演奏」系の動画。ここでは、音楽の演奏を収録するにあたって広く役立つ注意点などをご紹介します。

動画ならではの録音のセオリーを押さえよう

　音楽においては、自宅で演奏・録音を行う**宅録**がもともと盛んです。宅録用の機材も充実しているので、環境を整えれば、自宅で一定のクオリティで録音できます。その収録した音に映像を付けるだけで、かなり質の高い動画が完成します。

　一方で難しいのは、カメラ1台で生演奏を収録したり、ライブハウスやコンサートホールでの公演を収録することです。音楽もトークと同じく楽器ごとにマイクを立てるのが理想ですが、状況的に難しい場合は、**バランスよく聴こえる場所からなるべく動かずに収録する**ことを意識しましょう。高音質ではなくとも、音の違和感を軽減することができます。複数のカメラを使う場合も、映像の視点は変わっても音には影響させないように収録することが、基本的なセオリーです。

　自宅やリハーサルスタジオなどやり直しの利く状況ならともかく、何かとトラブルに遭遇しやすいのがやり直しの利かない**実際の公演の収録**です。ライブハウスやクラブなどの大音量は音が割れてしまう危険性もあるので、極端にスピーカーに近い場所などは避けましょう。なお、事前に会場に相談すると、音響の回線を分けてもらえる場合も多いです。マイク1本の収録より、大幅に高音質な収録になります。

> **HINT**
> ストリートライブなどを撮影する場合、あまり速く動きながら撮影すると、音が急激に変わって聴きづらくなります。1か所にとどまって撮影するか、移動する場合はなるべくゆっくりと動くようにし、急激なサウンドの変化を避けましょう。

ライブやコンサートを収録する際の注意点

　自分たちで開催するライブやコンサートなど、大音量の音楽を録音しようとする際、録音する機材の音声入力レベルをオーバーしてしまうと、音が**ひずんで（割れて）**録音されてしまう場合があります。これを防ぐには、あらかじめ入力レベルをゆがまないギリギリまで小さくして音が過大に入力されないようにしておくか、多くのカメラやレコーダーに搭載されているリミッターを設定しておくなどの対策を行いましょう。

　コンサートホールでは、舞台上に吊るされた常設のマイクからの音声を録音できる場合があります。会場側と交渉してみましょう。

　主にリハーサル向けなどのスタジオで収録する場合にも、注意事項があります。弾き語りなどドラムを使わない演奏を収録する際、**備え付けのドラムが共鳴**して不自然な響きが入る場合があります。ドラムから離れた場所で収録しましょう。あまり広くないスタジオなど、ドラムから距離を取れない場合は、シンバルをいったん畳んで隅に置くことで反響を回避できます。

リミッターとは、入力レベルをオーバーしそうになると、自動で入力される音量を減らしてひずみを防ぐ機能です。カメラのオーディオ設定画面に「マイクレベルリミッター」などの項目があります。

コンサートホールの舞台上に吊るされているマイクの多くは、ケーブルがキヤノンのXLRコネクターです。そのため、このコネクターに対応したオーディオレコーダーやミキサーなどの機器を持参すると便利です。

SCENE
14 複数のカメラで 動画を撮影できる？

#Win #Mac #iPhone #Android

スタジオ収録されたテレビ番組のように複数のカメラで撮影してアングルを切り替えると、演出の幅が大きく広がります。アングルの切り替えを、専用の機材がなくても簡単に行う方法を解説します。

専用機材がなくても切り替えできる！

　複数台のカメラで同時収録することを**マルチカメラ**と呼びます。マルチカメラの編集機材は、従来はとても高価でした。しかし現在は複数のスマホで撮影した映像を、編集アプリを使って個人でまとめ上げ、マルチカメラ動画を制作することもできるようになっています。

　マルチカメラの利点はさまざまありますが、一番大きいのは**視聴している人が飽きにくい**点です。ずっと1人でトークしているような動画でも、時々アングルが変わるだけで変化が生まれ、視聴者の印象が大きく変わります。また、言い間違えなどで映像の一部をカットする場合も、そのタイミングでアングルを切り替えればカットしたことが気付かれにくく、スムーズに進行していると感じられます。スマホが2台あれば試せるので、ぜひチャレンジしてみてください。なお、音声は全てを混ぜるのではなく、一番状態のよいものを選んで使うのが基本です。

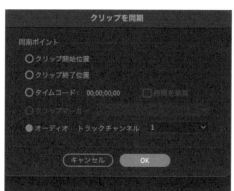

複数のカメラで撮影された映像は、音声を基準にして時間位置を合わせ、よい映像を選んでいくという手法がよく使われます。Adobe Premiere Proの「クリップを同期」機能なら、ソフトが音声内容を解析して、複数の映像の時間位置を自動で合わせてくれます。

簡単にマルチカメラ撮影ができる「4XCamera Maker」

iPhone専用アプリ「**4XCamera Maker**」(https://www.roland.com/jp/products/
4xcamera_maker/) を使うと、同じWi-FiにつながっているiPhoneを連動させて、
マルチカメラ動画を撮影できます。特別な機材投資も必要なく、素材どうしの合わせ
込みも非常に簡単に行えます。無料版では画面分割の種類や画面切り替えの効果に
制限がありますが、有料版 (¥960、税込み) を購入することで全機能が利用できます。

PART 4

各端末でアプリを起動し、マス
ターになる1台に接続を申請しま
す。マスター側の端末では、接続
を承認しましょう。

撮影時は、マスターとなる1台で
録画を開始すると、ほかの端末も
連動して録画開始されます。1人
で撮影する場合も、わざわざ録画
を開始して回る必要がありません。

収録が完了すると、各端末で撮影
された動画を集めて、アングルの
切り替えや同時表示などの編集が
できます。

SCENE 15 「パソコンやゲーム機の 画面」を録画するコツは？

#Win #Mac #iPhone #Android

ソフトの使い方の解説や、ゲームプレイの実況動画などで必要になる のが、パソコンやゲーム機の画面の録画です。画面を録画する方法を 覚えておくと、さまざまなコンテンツ作りに役立ちます。

標準機能から専用機まで、さまざまな手段あり

　ゲームのプレイ状況を録画した**実況動画**は、現在非常に大きな人気を集めるジャ ンルとなっています。こうした動画の多くはカメラを使わず、画面の録画だけで構 成されているのが特徴です。顔出しに抵抗があったり、撮影環境を整えるのが大変 という場合も、このような画面収録によるコンテンツなら、ずっと簡単に始めるこ とができるでしょう。

　最近はパソコンやスマホ、また一部のゲーム機にも**標準で録画機能がある**ので、 とりあえずそれを使うのも手です。また、高機能な録画ソフトも多数出ており、効 率や画質をさらにアップできます。以下で紹介している録画用のハードウェアな ら、録画機能のないハードウェアの画面も収録できます。動きの激しいゲームや CG系のソフトなど、ハードウェアの負荷が高いソフトを収録したいときも、本体 に負担をかけずに済むのでおすすめです。

HDMI端子から出力される映像 や音声を高品質に録画できるI-O DATAの「GV-HDREC」(https:// www.iodata.jp/product/av/ capture/gv-hdrec/)。価格はメー カーのWebサイトで¥18,150（税 込み）です。パソコンやゲーム機 の画面を、60fpsでSDカードに簡 単に録画できます。

> **HINT**
>
> ゲームの動きをプレイ時の雰囲気のまま収録するには、60fps（秒間60コマ）で収録および編集を行うのが最適です。

各OS標準の画面録画方法

　Macでは、プリインストールされている**QuickTime Player**で録画が可能です。動画ファイルは「mov」形式で保存されます。Windows 10では、**ゲームバー**上で**キャプチャ**を実行すると、現在使っているアプリを録画できます。動画ファイルの形式は「mp4」です。ちなみに、ゲームバーではスクリーンショットを撮影することもできます。

　iPhoneでは、コントロールセンターにある**画面収録**ボタンを押すことで録画が開始されます。コントロールセンターにボタンがない場合は、設定アプリの「コントロールセンター」をタップし、「コントロールを追加」内にある「画面収録」の「＋」をタップすることで追加できます。動画ファイルは「写真」アプリに「mov」形式で保存されます。

MacのQuickTime Playerの場合、「ファイル」→「新規画面収録」をクリックすると、画面の録画が始まります。画面全体のほか、任意の部分だけを選んで録画することも可能です。

Windows 10では、[Windows] キーと [G] を押すと表示される「ゲームバー」上で「キャプチャ」を実行すると、現在使っているアプリのウィンドウ内を録画できます。

iPhoneでは、「コントロールセンター」内の画面収録ボタンを押すと録画できます。

PART 4

SCENE
16

簡単から本格派まで！
動画編集ソフトを知る

#Win #Mac #iPhone #Android

動画作りのキモとなるのが「動画編集ソフト」です。パソコン、スマホのそれぞれで代表的なソフトを比較し、自分にぴったりなソフトを探してみましょう。

機能、操作性、経済性で比較しよう

　動画編集ソフトは、業務にも使われる最上位のパソコンソフトから、初心者でも使いやすいお手軽系ソフト、そしてスマホ用のアプリの3種類に大別することができます。最初は簡単なものから……と思いがちですが、最上位版も必要な機能に絞って操作するなら、決して難しくありません。アプリの設計がパソコンに最適化されており、随時アップデートもあるので、効率的に多数の動画を作りたいなら、**初めから最上位版を使う**のが一番のおすすめです。

　なお、スマホ用のアプリでもかなり本格的な機能を備えているものも増え、少し前であればパソコン用のソフトでしか行えなかったような凝った編集も可能になっています。次ページ以降で紹介するPremiere RushやiMovieはスマホとパソコンで同じ機能を使えます。つまり、出先で撮影した素材を帰宅までにある程度編集するといった効率的なワークフローが実現できるというわけです。

iPhoneの「写真」アプリでも動画が編集できます。先頭と終端の部分のカットと色調節程度の機能ですが、この最低限の編集のみでYouTubeにアップしているYouTuberも一定数存在します。

全方向に対応！　パソコンの最上位版ソフト

Adobe「Adobe Premiere Pro」

「Adobe Premiere Pro」(https://www.adobe.com/jp/products/premiere.html) は、Adobe 社 の Creative Cloud を契約すると利用できます。単体プランは月額￥2,728（税込み）のサブスクリプション契約ですが、新機能追加などの更新も頻繁に行われます。

デザインなど、動画以外の目的で Creative Cloud を利用しているならすぐ使えます。Adobe Fonts やクラウドストレージなどのサービスが使えるのも魅力です。

Blackmagic Design「DaVinci Resolve」

「DaVinci Resolve」(https://www.blackmagicdesign.com/jp/products/davinciresolve/) は、機能を限定した無料版の「DaVinci Resolve」とフル機能が使える有料版（￥39,578、税込み）の「DaVinci Resolve Studio」があります。カラー調節の分野では特に大きな人気を集めます。

無料版でも基本的なカット編集などの機能は使えます。同社はカメラなどのハードも販売していますが、そこに有償版の「DaVinci Resolve Studio」が付属していることもあります。

Apple「Final Cut Pro」

「Final Cut Pro」(https://www.apple.com/jp/final-cut-pro/) は、Mac 専用の動画編集ソフトです。価格は￥36,800（税込み）の買い切りタイプで、最新バージョンを追加の出費なしで使えるのも魅力です。

多機能ながら Apple らしいスッキリしたインターフェースを備え、一定のファンを有しています。

PART 4

131

初心者でも安心！パソコンのお手軽ソフト

Adobe「Adobe Premiere Rush」（パソコン版）

　「**Adobe Premiere Rush**」（パソコン版）（https://www.adobe.com/jp/products/premiere-rush.html）は「Premiere Pro」のエンジンを継承しつつ、よりシンプルな操作性で編集できるソフト。クラウド上にデータを保存することで、スマホ版と併用しながら使えるのが最大の特徴です。単体プランは月額¥1,078（税込み）です。

シンプルな操作性ながら、プリセット（あらかじめ保存してある色味などの設定）を読み込むことで凝った動画が作れます。

Apple「iMovie」（Mac版）

　「**iMovie**」（**Mac版**）はMacに標準付属する動画編集ソフト。シンプルなインターフェースで初心者でもなじみやすいほか、「Final Cut Pro」に作業を引き継ぐことも可能。Macユーザーにとっては最初の一歩にもピッタリです。

iPhone／iPad版のiMovieとも連携可能。Macユーザーであれば、一番気軽に導入できる選択肢といえるでしょう。

Voyagerx「Vrew」

　「**Vrew**」（https://vrew.voyagerx.com/ja/）は、iPhone／Mac／Windows／Webブラウザ上で利用できる無料アプリです。最大の特徴は、字幕編集機能。トークの音声をAI解析して自動で字幕を付けてくれるので、編集がぐっと楽になります。無音部分をカットする機能もあります。

音声認識で作成された字幕はテキストファイルやxmlファイルとして出力できるので、それを原稿にほかのツールで凝ったデザインの字幕を作ることもできます。

機能充実！ スマホ用のアプリ

Adobe「Adobe Premiere Rush」（モバイル版）

「**Adobe Premiere Rush**」（モバイル版）（https://www.adobe. com/jp/products/premiere-rush.html）は基本的にパソコン版と同じ機能を備え、クラウド上のデータを使って家ではパソコン、出先ではスマホといった連携ができます。

iPhoneおよびAndroidに対応しており、パソコン版と同様の機能を使えます。Premiere RushのプロジェクトをPremiere Proに読み込んでさらに高度な編集を行うことも可能です。

Apple「iMovie」（iPhone/iPad版）

「**iMovie**」（**iPhone/iPad版**）（https://apps.apple.com/jp/app/id377298193）はiPhobe及びiPadなどのApple製端末で利用できる無料の動画編集アプリです。初心者でも扱いやすい程度の機能を備えています。

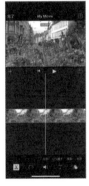

最低限の機能は備えているので、これだけでもさまざまな種類の動画コンテンツを制作できるでしょう。

Luma Touch LLC「LumaFusion」

「**LumaFusion**」（https://lumatouch.com/lumafusion-for-ios-2/）はiPhone及びiPad専用の編集アプリで、価格は¥3,680（税込み）です。スマホ用アプリでは最大級の機能を備えています。パソコンを使わずに、スマホのみで最大級に凝った編集を行いたい人には魅力的な選択肢といえます。

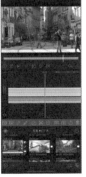

色調補正、さまざまなトランジションの追加、複数の動画の合成など、機能はスマホ向けの編集アプリ中でもトップクラスの充実ぶりです。

PART 4

SCENE 17 編集に使うパソコンの スペックが知りたい！

#Win #Mac #iPhone #Android

YouTubeに公開する動画コンテンツを一定ペースで効率よく作るなら、ある程度の処理性能を持ったパソコンを使うことをおすすめします。ここでは、パソコンを選ぶ際のポイントを紹介します。

重い処理に耐え得るパソコンを探そう

　動画編集は、パソコン作業の中でも**特に重い処理**の一つ。廉価なパソコンでも動画編集ソフトを動かすこと自体は可能ですが、最悪の場合映像が飛び飛びにしか再生されず、まともに編集できない場合もあります。Windowsパソコンの場合、Celeronシリーズなど比較的廉価なCPUを使ったタイプは、事務作業程度の処理しか想定されていない場合も多いです。次ページを参考に一定のスペックを満たすものを選びましょう。Macであれば、現在販売されている中で一番廉価なMacBook Airでも、カットや文字入れ程度の作業は問題なく行える性能を持っています。

　最近は**動画編集向け**と銘打たれたパソコンも数多く売り出されています。ある程度価格は上がりますが性能の指標として参考にできます。また、いわゆる**ゲーミングPC**もCPUやグラフィックが高性能なモデルが多いので、多少手頃ながらもある程度のパワーを持っている機種として、選択肢に入れてもよいでしょう。

Adobe Premiere ProのWebサイトに記載されている推奨グラフィックカードの一覧です（https://helpx.adobe.com/jp/premiere-pro/system-requirements/2019.html）。使用する動画編集ソフトごとに推奨のスペックが公開されているので、すでにソフトが決まっている場合には参考にしましょう。

動画編集用パソコンを選ぶポイント

　動画編集に使うパソコンは高スペックであるに越したことはありません。ただ最上位モデルになると、CPUなどの部品もその世代で一番高性能なものを搭載しているので、どうしても割高になります。「金に糸目を付けず最高の性能のパソコンを購入したい」場合は別ですが、最上位モデルを狙うのはあまり得策ではないでしょう。おおむね、**最上位モデルから1〜2段下のモデル**はコストパフォーマンスに優れている場合が多く、狙い目といえます。

　一般的に、同じ価格であればノートパソコンよりデスクトップパソコンの方が性能が優れているので、家でのみ編集を行うならデスクトップがよいでしょう。なお、最近は**動画編集向け**として販売されているモデルも多いので、細かい要素を決めかねる場合は、そうしたモデルを選ぶのも得策です。

▶ パソコンのポイント

・最上位から1〜2段下のモデルがお得な場合多し
・同じ価格ならデスクトップ型の方がコストパフォーマンスよし
・「動画編集向け」として販売されているモデルもあり

パソコンのスペックで重視する要素

要素	詳細
CPU	WindowsではIntel Core iシリーズやXeonシリーズ、AMD Ryzenシリーズ、MacではAppleシリコン搭載の機種がおすすめです。Celeronシリーズなどの廉価版シリーズは、動画処理の性能が著しく劣る場合があります。
メモリ	動画編集は一般的に多くのメモリを消費するので、最低でも8GB、快適な編集環境を得るなら16GB以上搭載のモデルがおすすめです。
グラフィックカード	NVIDIA GeForceシリーズやQuadroシリーズ、AMD Radeonシリーズなど、高性能なグラフィックカードを搭載していると、ソフトにより編集時の再生がスムーズになったり、書き出しが速くなるなどのメリットがあります。
ストレージ	アプリケーションのインストール、編集用データ共に、HDD（ハードディスク）よりもSSDの使用をおすすめします。HDDは速度が遅く作業用には向きませんが、容量あたりの単価が安いので、作品のバックアップ用ドライブとしては重宝します。SSDは480GB程度、HDDは4TB程度の製品が、容量と価格のバランスがよくおすすめです。

HINT
作品が完成するまでは、撮影した素材全てをバックアップとして必ず保存しておきましょう。完成後、もう再編集することがないようであれば、完成した動画のみをバックアップ用として保存することで容量を節約できます。

SCENE
18 動画をチェックするための道具を揃えよう

#Win #Mac #iPhone #Android

動画の編集は使用しているパソコンやスマホのモニターでの表示を頼りに進めますが、モニターはどうしても、製品によって映りにバラツキがあります。動画をチェックする際のノウハウを紹介します。

複数の機器で比較してバランスを確認

　業務向けの映像制作で色調節を行う際は**マスターモニター**という高度にバランス調節されたディスプレイを使うこともありますが、個人で購入するには高価です。そのため、複数の環境で映像を確認し**どこで再生しても破綻していないか**という基準でチェックする方法がベターです。特にYouTubeの動画はスマホから大型テレビまであらゆる環境で再生されるので、どこでも視聴に支障が出ないレベルに仕上げることが重要です。最低2種類以上の環境でチェックを行いましょう。

▶ **動画でチェックするべきポイント**

・ジャギー（ドットのギザギザ）やグラデーションの破綻などがないか？

・文字が小さすぎたり表示時間の短すぎで読めなくなっていないか？

・映像のつなぎ目で一瞬真っ黒になるなどのミスがないか？

・気になるちらつきや、酔いそうになるほどの揺れはないか？

YouTubeの動画はさまざまな環境で視聴されるため、「スマホの画面で文字が読めないところがないか？」「大きな画面で見たとき、気が付かなかったノイズなどがないか？」といったのチェックが不可欠です。

色やコントラストをチェックしよう

　モニターの映像は、周囲の明るさや照明の色などにより印象が変化しやすくなります。チェックをするときは、毎回なるべく**室内の照明を同じ**にして、環境で印象が変わらないようにしましょう。

　いわゆる**普通のテレビ**は、特定の色が目立ったり、コントラストが高くなるなど、パソコンやスマホのモニターと表示が大きく異なる場合があります。制作した動画は、手持ちのテレビでもチェックすることをおすすめします。

　さまざまな端末で動画をチェックした際に気付いた色の偏りや明るさの不自然さは、**iPad** で視聴したときに破綻しない程度を基準に調節するとよいでしょう。どの端末でも比較的バランスの取れた表示になります。Mac の場合は標準の **Sidecar** 機能、Windows は iPad を外部モニターにできるアプリ **Duet Display** (https://ja.duetdisplay.com/) などを使って、編集している映像のウィンドウを iPad に表示させて確認すると効率よく作業できます。

▶ 色やコントラストを確認する際のポイント

・チェック時の部屋の明かりの状態はなるべく揃える
・テレビでの映り方も確認する
・映りの基準としておすすめなのは iPad（できれば Pro）

自作の映像を時折テレビでチェックし、雰囲気の違いを認識しておくとよいでしょう。慣れてくると、動画を制作する時点で、偏って表示されやすい色や見えにくくなる文字デザインの傾向が分かるようになります。

iPad に映像を映して色のバランスをチェックする際、Mac の場合は標準の Sidecar 機能で映像を反映できます。Windows は iPad を外部モニターにできるアプリ「Duet Display」(https://ja.duetdisplay.com/) を使いましょう。Windows／Mac 版は無料でダウンロードできますが、接続する iPad 側のアプリは有料（¥1,220、税込み）です。

音をチェックするための道具を揃えよう

#Win #Mac #iPhone #Android

動画の音は、映像以上に聴く環境によって変わります。音声自体が聴きづらく破綻していないかを判断し、不快な音で視聴者が離脱してしまうのを防ぎましょう。

音の不備は「不快感」が大きい

ネット動画の場合、スマホなどの小さな画面で再生される場合も多く、多少画質に難があっても気になりづらい傾向にあります。一方、音はイヤホンなどで聴かれる場合も多いので、声が極端に不明瞭であったり、ノイズが多く混入していると、不快感が増し、視聴をやめられてしまう可能性があります。音のチェックも動画と同じく、**いくつかの環境で再生してみて、破綻していないか**をチェックしましょう。

音の確認で大事なのがスピーカーとヘッドホン・イヤホンの両方を最低1種類ずつで確認すること。特に声とBGMのバランスはこの2つで大きく聴こえ方が変わるので、一方だけで確認していると、もう一方で聴いたときの違和感を見逃す可能性があります。耳への負担をなるべく減らすべく、**基本はスピーカーで確認しながら作業し、時々ヘッドホンで確認する**方法が最もおすすめです。

▶ **音でチェックするべきポイント**

・スマホの本体スピーカーなどで聴いても破綻なく聴こえるか？
・スピーカーとヘッドホンで極端なバランスの違いがないか？
・音がひずんで不快に聴こえる部分がないか？
・動画中の声に極端な音量差が出ていないか？

> **HINT**
> スマホは多くの視聴者が利用する環境です。特に人の息遣いなどは、スマホなどの小さいスピーカーで聴いたときに耳に刺さるような嫌な質感になりやすいものです。必ずスマホのスピーカーでもチェックしておきましょう。

音をチェックしよう

　音楽や動画のサウンドを聴く場合には、**Bluetooth**というワイヤレス規格に対応したスピーカーやイヤホンを利用するのが定番です。しかし、微妙に映像と音がずれるなどの問題が出る場合があるので、厳密な作業が求められる動画編集時には有線接続のスピーカーやヘッドホンを使用するのがおすすめです。

　チェックに使うスピーカーやヘッドホンは、音のチェックに特化した**モニター用**の製品が最適です。細部まで聴きやすく、適切なバランスに調節しやすくなります。大型の家電量販店や楽器店などでは複数のモデルを聴き比べられることも多いので、実際に聴いて好ましく感じたものを選ぶのがおすすめです。

▶ 音をチェックする際のポイント

・Bluetooth 接続は編集に使わない
・スピーカーとヘッドホンの両環境で確認する
・できればモニター用のスピーカーやヘッドホンを使う

人気のモニタースピーカーであるYAMAHAの「MSP3」(https://jp.yamaha.com/products/proaudio/speakers/msp3/index.html)。実勢価格は、Amazonで1台¥12,717（税込み）です。

モニター用ヘッドホンであるSOUND WARRIORの「SW-HP10s」(https://soundwarrior.jp/products/sw-hp10s/) は、楽天市場で¥15,180（税込み）です。

「ミキサー」と「レコーダー」とは?

音声をよりクリアに収録したい場合、複数のマイクを使い、それぞれの音源の近くにセットする必要があります。ただ、一般的なビデオカメラやスマホの大半は、マイクを1本しか接続できません。そこで役に立つのが、複数のマイクや音楽プレーヤーなどをつないで、音を1つにまとめることのできる**ミキサー**です。有線マイクはもちろん、P.99で紹介したワイヤレスのピンマイクなども、ミキサーで1つにまとめることで複数台の同時使用が可能となります。

一方、ミキサーからカメラ側に直接音声を流し込んで収録した場合、全ての音が混ざって記録されるので、それぞれの音のバランス調節などはほとんど行えません。そこで便利なのが**レコーダー**です。「マルチトラック録音」ができる機種だと、1つにまとめたデータとは別に、個々のマイクの音を別々に記録でき、編集で好きなバランスに調節可能です。個々に収録した音声は、P.150のマルチカメラと同じ手法で時間軸を合わせることができます。

レコーダーにはミキサーの機能を持っている機種も多くあります。使いたいマイクの本数や機能などに応じて選ぶとよいでしょう。

ミキサーとレコーダーが一体となったZoomの「LiveTrak L-8」(https://zoomcorp.com/ja/jp/digital-mixer-multi-track-recorders/multi-track-recorders/LIVETRAK-L-8/)。実勢価格はAmazonで¥38,600（税込み）です。最大6本のマイクからの音声、ライン入力、パソコンからの音声をミックスしつつ、それぞれの素材を個別の音声ファイルとして記録可能です。電池駆動も可能なので、演奏会や多人数のトーク収録など場所を選ばず機動的に使うことができます。

PART 5

視聴者を飽きさせない
動画編集のワザ

SCENE 01 事前に流れを考えておく

#Win #Mac #iPhone #Android

 動画を制作する前に、あらかじめ番組の流れや時間割、画面のレイアウトをまとめた「設計図」を作っておきましょう。作業の効率化とともに、撮影漏れなどのミスが予防できます。

「動画の設計図」を作成しよう

映像を作る際、事前にシナリオを書くのはプロの現場だけの話と思われるかもしれません。しかし、工作の知識や技術がほとんどない人が何も見ずに材木から犬小屋を作ることが難しいように、**初心者が事前準備もなしにコンテンツを作り上げるのは至難の業**です。実際の撮影前にしっかりと計画を立て、動画の**設計図**を作っておくことで、作業がスムーズになり内容も充実します。

動画の進行を考える上で「何をするか」「何を映すか」は想像しやすいですが、実は一番重要なのは**時間配分**です。漫然と収録した動画は時間の割に内容が薄かったり、短時間に内容を詰め込みすぎて伝わりにくかったりするものです。適切な時間配分になるよう内容を詰めていきましょう。

動画のトータル時間を決める目安

YouTubeの評価は、再生数だけではなく**再生時間**も重要視され、おすすめに表示される確率などにも違いが出てきます。なお、**8分以上**の動画には途中にミッドロール広告（P.56参照）を挟むことができるので、時間の長い動画は収益面でも有利になります。これを一つの目安にするとよいでしょう。「広告によって視聴者が離れるのでは？」という心配もあるかもしれませんが、長時間じっくり視聴するような動画は、広告挿入による視聴者のストレスを比較的抑えられます。

また、内容が魅力的であることが大前提ですが、より時間の長い動画の方が広告の表示回数を増やせることもあって、システム側に評価される傾向があります。

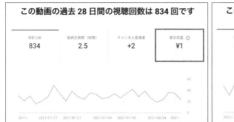 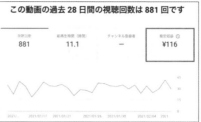

再生数がほぼ同じで動画時間の違う動画の収益を「アナリティクス」画面（P.57参照）で比べてみました。右が21秒、左が1分18秒の動画です。左の方が総再生時間が多く、結果として収益額も多くなっています。

「絵コンテ」を参考にしよう

　映像のシナリオとして最もポピュラーなのは、映画やアニメなどで用いられる**絵コンテ**です。絵コンテは、**時間の流れ**、**画面上の配置**、**内容のイメージ**が第三者でもすぐに理解できる形にまとめられています。絵コンテと同じ形式でなくとも構いませんが、これらの要素を事前にまとめておくことで、スムーズに進行できます。

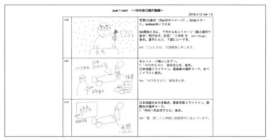

「絵コンテ」は、映像を設計する上で大きな参考になります。

動画の「時間割」を作る

　時間配分については、画面のイメージが1つになった絵コンテの形で作成するのが最良です。ただ、作成に手間がかかるようなら、文字だけの**動画の時間割**を作っておくだけでも、十分利用価値があります。

　例えば1分の動画を作る場合、「1要素15秒ずつにする」というように**時間を決めて分割する**と、区切った時間で1つの要素を撮影すればいいので、収録が行いやすくなります。次に、その時間ごとに収録する要素を決め、時間とセットで記載していきます。要素が決まった時間で収まらないようなら、2つ以上に分割しましょう。これで、効率的に時間配分を決定できます。

時間割を作成するためのツールは何を使っても構いませんが、ExcelやGoogle スプレッドシートを使うと、見やすい時間割が手軽に作成できます。

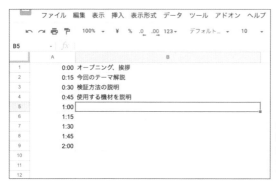

Googleスプレッドシートで時間割を作成してみます。複雑な構成にする必要はなく、動画の時間とその時間で何を行うかを順に記載するだけで十分です。

画面のレイアウト目安を作る

映像のシナリオとして絵コンテを紹介しましたが、そのほかに必要なのが**画面のレイアウト目安**です。特に複数人で収録する場合、チーム内で画面レイアウトの共通認識があった方が、撮影がスムーズに進みます。できれば画面が切り替わるタイミングごとに、映る人物や物のレイアウトの目安を作っておきましょう。撮影中の確認作業などの工数を大幅に減らし、スピードアップできます。

画面のレイアウトを作る場合は、動画の画面比率に合わせることが大切です。YouTubeでは画面比率を**16：9**で作るのが基本（P.23参照）なので、それに合わせてレイアウト目安を作成しましょう。PowerPointやGoogle スライドといったプレゼンテーションソフトなら、スライドの大きさを16：9に設定できます。

画面の内容とレイアウトの目安が共有できればいいので、上手な絵が描ける必要は全くありません。図形に名前を入れるだけでも、内容は十分伝わります。

#Win #Mac #iPhone #Android

動画編集のメイン作業は、素材を切ってつなぎ合わせる「カット編集」です。ここでは、覚えておくと作業を効率化でき、なおかつまとまった内容に仕上げられる編集時のポイントや手法を紹介します。

「制限」を作った方が作業しやすい

例えば文章も、文字量の制限がないとどれぐらいの長さで執筆すれば適切なのか判断が難しくなりますが、「1000字以内」といった制限があれば、内容や表現の取捨選択がしやすくなります。動画も同じで、何も制限がないとどう作ってよいか迷いがちです。そのような場合は、全体や部分ごとにある程度の**制限（基準）を設ける**ことで、仕上がりをイメージしやすくなります。レギュラー放送されるテレビ番組で、毎回内容が違えど構成がほぼ一緒なのはこのためです。毎週放送といったタイトなスケジュールでも、作業が進めやすい構造になっているのです。

動画制作に慣れていない作り手ほど、「ここをじっくり見せなければ伝わらないのでは……」などと心配になり、映像をカットすることをためらいがちです。しかし実際には、視聴者は**流れのよさ**の方を重視する場合が多く、多少場面を省略していても、流れ（文脈）がハッキリしていれば十分理解できます。うまく制限を設けることで、編集作業だけでなく、どれぐらい省略するかも決めやすく、内容的にも無駄をなくすことが可能です。

オーディオを基準に編集する

編集の基準になる要素として映像の内容はもちろんのこと、**オーディオ（音）**も基準にするとよいでしょう。オーディオは、動画編集ソフトのタイムライン上の波形表示を大きくしておくと、視覚的にも確認しやすくなります。

例えばトーク系の動画の場合、**オーディオの波形が途切れている**部分は「言葉が詰まっている」としてカットの対象になる場合が多いです。まずは長めに波形が途切れている部分をカットしてから、細かい部分を編集していきましょう。なお、急

に音声をカットすると不自然になりがちなので、**クロスフェード**（前の音をフェードアウトさせながら、別の音をフェードインする）させるとよいでしょう。

　無音部分を切ると映像も切れるため、唐突に次の場面に変わって不自然に見えます。「話題に関連した別映像」などを差し込めば、視聴者にカットしたことを気付かれません。

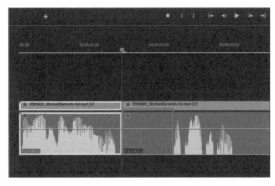

音声の波形を見ることで、カットする場面をスピーディに判別できます。特に長時間の素材は、まずは長い無音部分を取り除いてから、細かい部分を見ていくと素早く編集できます。

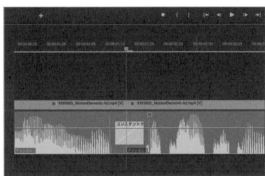

カットした箇所は、つなぎ目に「プチッ」というようなノイズが入ります。音声をほんの短い時間だけクロスフェードさせます。

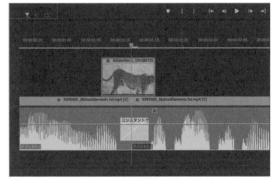

オーディオの無音を元にカットした部分に、さらに関連した映像を追加しました。不自然さを払拭できると同時に、映像内容に多様性を出すこともできます。

編集作業を進めるためのさまざまな基準

　例えばいくつかの風景の素材を合成する場合、個々の素材をどれぐらいの長さに切り取るか検討していると時間がかかります。「1カット5秒」など**時間を決めて並べる**と、スピーディに編集が進むのでおすすめです。

　音楽のPVなどを制作する場合、リズムに合わせて映像を切り替える必要が出てきます。曲のテンポが一定の場合、動画編集ソフトにはメトロノームのように一定のテンポを刻む音（**クリック音**）を出す機能があるので、これを仮に配置しておきましょう。編集画面にテンポの波形が表示されるため、視覚的にリズムが判別しやすくなります。

　数分以上の動画を作る場合は、最初に**色分けした仮画像**などを配置して全体の構成を作っておき、部分的に映像素材へと差し替えると、全体をまとめやすくなります。

風景映像など会話のない映像の場合、ワンカットの時間をあらかじめ決めて画面を切り替えるようにします。

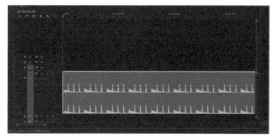

音楽がメインの映像の場合、楽曲のオーディオと同時にメトロノームを配置することで視覚的にリズムが分かります。

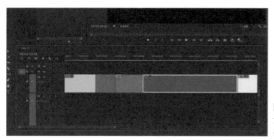

映像を切り替えるタイミングなど、全体の構成を仮の画像を使って決めておきます。

音声と映像を効果的に関連させる

　同じ場所でさまざまな方向から撮影した映像を組み合わせる場合、映像ごとに周囲の音が変わってしまうと、視聴者に**時間の経過や別の場所へ移動したかのような印象**を与えてしまう可能性があります。同じ場所であることを理解してもらうには、映像のみを変化させ、音は一貫して同じものを使うとよいでしょう。

　ほかの場所へ移動する場合にも編集のテクニックがあります。映像よりもワンテンポ早く、音の**クロスフェード**を始めましょう。なお、映像が暗転（フェードアウト）するときは、画面が暗転しても若干音を残すぐらいが、余韻を残す効果を演出できるのでおすすめです。

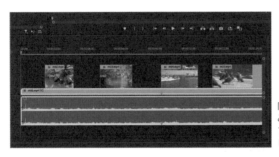

同じ場所のさまざまな映像を組み合わせる場合、音だけは1つのファイルから一貫して流すようにします。

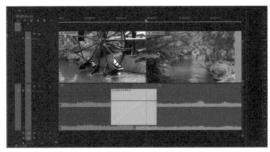

場所を移動する場合、映像よりもワンテンポ早く音のクロスフェードを始めましょう。

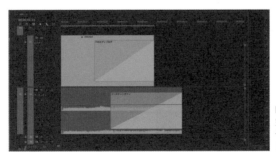

映像がフェードアウトする場合、完全に画面が暗くなってからも若干音を残すぐらいの時間差をつけましょう。

トークに便利なマルチカメラ収録

　ずっと映像の内容が変わらないと、視聴者は飽きやすくなります。一人の人物が長時間のトークを行う動画などでは、P.126でも紹介した**マルチカメラ収録**を行うと、映像を切り替えることでメリハリができるので、飽きを軽減できます。さらにアングルを切り替えることで、無音になったり不要になってしまったりした部分をカットしたことが分かりにくくなるといったメリットもあります。

　ビデオカメラの映像だけではなく、スマホのカメラで撮影した映像も動画編集ソフト上で組み合わせることができます。積極的に取り入れてみましょう。

例えば、「正面」(メイン)「表情のアップ」「手元の操作」といった3つの映像を同時収録すると、編集時にメリハリをつけやすくなります。

マルチカメラ編集の機能

　複数のカメラで撮影された映像は、まず時間軸を合わせて**同期**させる作業が必要です。同期は、**音声の内容を基準に合わせる**のが一般的です。自分で音声を聴きながら同期するのは手間なので、動画編集ソフトの同期機能を活用しましょう。映像を同期することで、動画編集ソフト上で時間軸を合わせた各カメラ映像が同時に表示されるので、スピーディに編集ができます。

　なおライブ配信など、編集ではなく撮影時に画面を切り替えたいなら、**スイッチャー**（P.238参照）が必要です。ボタン一つで簡単に映像の切り替えができます。

Premiere Proの「クリップを同期」機能では、同期ポイントに「オーディオ」を選ぶことで、コンピュータが音声内容を解析して自動的に位置を合わせてくれます。

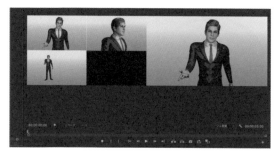

Premiere Proのマルチカメラ編集の画面。各カメラ映像が同時に表示されるので、再生しながら切り替えて1本の動画に編集できます。

BlackMagic Designのスイッチャー「ATEM Mini」（https://www.blackmagicdesign.com/jp/products/atemmini）のISOシリーズを使うと、4〜8台のカメラをつないで同時撮影した上で、同社の動画編集ソフト「DaVinci Resolve」を使って編集できます。効率的なマルチカメラ編集のシステムです。

動画の情報密度を高める

　1つの画面内で複数の映像を組み合わせて、**画面の情報量を増やす**ように工夫しましょう。映像を1つずつ順番に見せるやり方では、動画が無駄に長くなって伝えたいことがぼやけてしまいがちです。1つの映像内で小窓のように別の映像を入れる**ピクチャ・イン・ピクチャ**や、画面分割して複数の映像を同時に流すといった手法で情報密度を高め、視聴者にインパクトを与えることができます。情緒的な演出効果を狙いたい場合は、各映像をくっきり区切るのではなく、**オーバーラップ**させるような表現にすることも効果的です。

動画編集ソフトのFinal Cut Proで「ピクチャ・イン・ピクチャ」の手法を使った動画を制作する様子です。メインで表示される動画に、別の動画を小さい画面にして配置します。

同じ場所のさまざまな部分を見せたい場合は、画面を分割して2つ以上の映像を同時に見せると効果的です。各映像が切り替わるタイミングにバラツキを作った方が、違和感のない映像に仕上がります。

オーバーラップを使って映像を重ねると、ただ分割しただけでは出せない余韻を残すような演出ができます。

「時間」をコントロールする手法

　街の動きや作品が完成する様子など変化に時間のかかる映像は、動画編集ソフトで動画の再生速度を上げて**タイムラプス**（P.112参照）にするとよいでしょう。動画そのものの時間を短縮できるほか、次々と変化する様子を印象的に見せることが可能です。なお、タイムラプスはスマホやカメラの撮影モードにも機能としてありますが、タイムラプス化された映像しか残りません。通常撮影を行い、編集で後からタイムラプス動画にすると、編集の幅が広がります。

　映像の中で特にしっかり見せたい場面は、再生速度を下げて**スロー**にするのも効果的です。ただしスロー再生にすると、1秒間に表示する画像（フレーム）の数が減るので、その分映像が粗く見えてしまいがちです。これを避けるには、撮影時に60fpsなど高めのフレームレート（P.110参照）に設定しておきましょう。2分の1の速度に変更したとしても30fpsを保てるので、十分なめらかな映像にできます。

　カメラが大幅に揺れているなどあまり撮影状態のよくない素材は、印象的なコマだけを抜き出して、静止画の**スライドショー**として見せると、一気にクオリティを上げることができます（制作方法は次項で解説）。

タイムラプスはもともと数秒～数分単位の間隔で撮影した静止画をつなぎ合わせて早回しのような動画にする撮影手法です。動画編集ソフトで制作するほか、タイムラプス撮影ができるスマホやカメラもあります。

ここぞという場面をスローで見せることで、視聴者に強く印象付けられるほか、動画に時間的なメリハリをつけることもできます。例えば通常なら一瞬で飛び散ってしまう水しぶきも、スローにすることで有機的に形が変化する物体として見え、インパクトが大きく変化します。

SCENE 03

動画に静止画を使うメリットとは？

#Win #Mac #iPhone #Android

1000人

動画を作る上では、写真や図といった静止画も重要な素材となります。ここでは静止画を利用するメリット、覚えておきたい画像の形式、具体的な活用シーンをチェックしましょう。

「あえて選ぶ」メリットは多い！

最終的に作るものが動画であっても、**静止画**も素材として多く用いられます。静止画は、動画よりも画質の調節やトリミング（切り抜き）といった**加工をしやすい**ためです。例えば写真は動画よりも高い解像度で撮影できるので、一部を切り取るなどの加工を行っても高画質を保てます。また、静止画の方が動きがない分、素材の加工によるノイズが発生しても目立ちにくいというメリットもあります。商品や店舗を紹介する場合など、ビジュアルのクオリティが求められるケースでは、あえて写真を使うのもよい選択肢です。

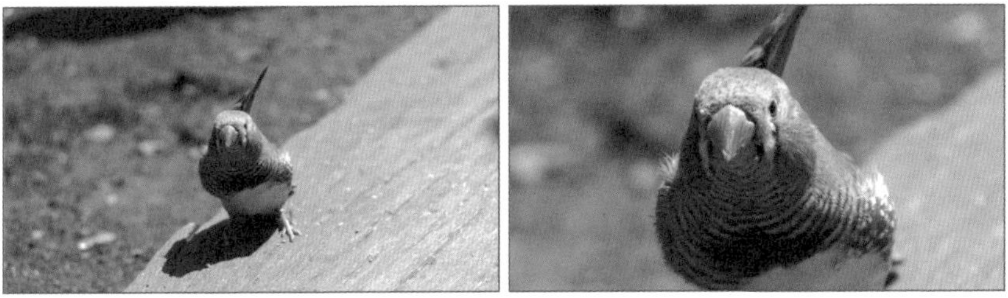

左は写真の元のアングルの写真、右は元の写真を部分的にフルHD（1920×1080ピクセル）相当で切り抜いたものです。同じ写真でも全く違った素材として使えます。

素材を撮影する際は、動画だけでなくポイントとなる要素ごとに**写真も撮影しておく**と、より臨機応変な編集をしやすくなるのでおすすめです。動きが必要な部分を動画で見せ、きれいに見せたい部分で静止画を使うことで、動画と静止画のよいところを生かした動画を制作できます。

特に暗い場所などは、動画と写真の画質差が顕著です。風景が重要な場合は、動画と静止画の両方を撮影しておきましょう。

静止画を加工して動画に挿入する

　ほとんどの動画編集ソフトは、動画と同じように静止画のファイルを読み込むことができ、さらに色や明るさの調節などもある程度は行うことができます。ただし、Adobe Photoshopのような画像編集ソフトを使うと**画像中の不要なものを消す**など、さらに詳細な加工を行うことができるのでおすすめです。

左は元の写真、右は元の写真を明るく加工したものです。動画編集ソフトでもある程度加工はできますが、画像編集ソフトの方がより高度な加工ができます。

透過画像の活用

　静止画は、ファイルとしては**矩形**（長方形）で扱われます。しかし見せたい部分が必ずしも矩形とは限らないため、ロゴやキャラクターイラストなど不定形の図は、矩形内の不要なスペースが**透過処理**されている場合がほとんどです。写真も、自由に切り抜いて不要部分を透過処理する場合があります。不要な部分が透過処理された画像は、動画編集ソフトで映像の上に重ねることができます。

不定形の図

静止画のファイルは矩形で扱われる

図以外のスペースは透過処理されているため、下の画像が透けて見える

透過処理された静止画を映像に重ねると、見せたい部分以外が透明となり、映像ときれいに合成できます。透過処理されていない画像では、背景色で映像が隠れてしまいます。

主な透過機能付き画像形式

PNG (.png)	Webページ上に透過付きのロゴを配置する場合など、幅広く使われている形式。スマホアプリなども含め、一番多くの動画編集ソフトで扱うことが可能です。
Photoshop (.psd)	Adobe Photoshop用のファイル形式。1つのファイルの中に複数のレイヤー（層）を含むことができます。動画編集ソフトによってはレイヤーのレイアウトを変えることも可能です。
GIF (.gif)	アニメーションも含めることができる形式。画質が落ちるので、素材として用いられることはあまりありません。
Illustrator (.ai)	Adobe Illustratorのファイル形式。企業や製品のロゴなどに多く使われます。Illustrator上では画質を落とさずに拡大できますが、多くの動画編集ソフト上ではほかの形式と同様、拡大すると画質が低下します。

プレゼンソフトで手軽にスライドショー制作

　複数の画像が次々に切り替わって表示される**スライドショー**は動画編集ソフトでも制作可能ですが、PowerPointやAppleのマシンで無料使用できるKeynoteなどのプレゼンテーションソフトを使うと、凝った動きのものも簡単に作れます。多数の**トランジション**（切り替え効果、P.157参照）やアニメーションが用意されているので、多様な表現が可能です。ただしYouTubeにアップされた後は、圧縮処理の都合で静止しているときの方がクリアに見えます。細部まで見やすくしたい場合は、動きのある加工は少なめにする方がよいでしょう。

プレゼンテーションソフトで作る場合、まずは画像を並べてから、さまざまなトランジション（画像切り替え時の効果）を適用します。その後、流れをチェックしましょう。

スライドショーは動画として書き出すことができます。書き出し時には、スライド（写真）ごとの表示時間を設定できます。1枚あたりの表示時間を10秒程度と若干長めに作っておくと、動画編集時に最適な長さに調節しやすくなります。

SCENE 04 画面切り替え時の演出に気を配ろう

#Win #Mac #iPhone #Android

映像どうしのつなぎ目には「トランジション」と呼ばれる効果を差し込んで、視聴者に違和感を持たれないように場面を切り替えます。ここではトランジションのバランスのよい使い方を紹介します。

ストレスを感じさせない切り替えを考える

多くの動画編集ソフトにはさまざまな**トランジション（切り替え効果）**が付属しています。編集を始めたばかりの頃はついいろいろなものを使ってしまいがちですが、多種多様なトランジションを動画と調和するように混在させるのはかなり難しく、使いすぎるとまとまりがなくなり、視聴者はストレスを感じます。

流れがスムーズだと感じる動画を見ると、トランジションの使い所を絞っていたり、使う種類もむやみに多くしていないことに気付くと思います。例えば**大きく時間が経過するとき**、**エンディングにつながる前**など使う部分と種類を明確に決め、変化する時間を統一すると、安定感のある仕上がりになります。このようなルール決めができていれば、シリーズ動画を作る際にも迷いがなくなり、クオリティアップとスピードアップが両立できます。実験的にさまざまな効果を使ってみた上で、利用する効果をよりすぐっていきましょう。

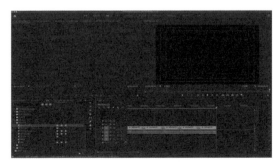

利用するトランジションは、動画全体で数種類に絞った上で利用箇所を決め、時間の長さも統一すると、全体のリズムを崩さずにまとまりのある動画を作りやすくなります。

トランジション適用時のポイント

　トランジションを適用して画面を遷移させる場合、特に切り替わりの間際で、**本来は見せたくない部分**が若干見えてしまうミスが起こりがちです。慎重に確認しましょう。なお、動画編集ソフト上のプレビュー再生は**コマ落ち**（一瞬スキップされてその間の画像が表示されない）する場合もあるので、確認は最終書き出しを行った状態で行いましょう。

　映像と映像のつなぎ目に**アニメーション素材を合成**してつなぎ目を隠すと、派手でダイナミックな演出が行えます。動画にテンポが生まれるほか、デザインの統一性を出すのにも効果的です。

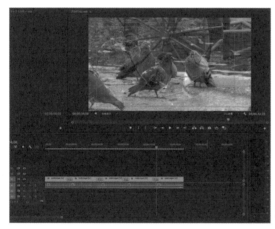

トランジションのタイミングによっては、出演者の表情が崩れたり、背後を人が通ったりと、編集によるカットで隠されていた時間部分が見えてしまうことがあるので、注意して確認しましょう。

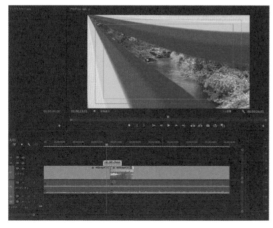

映像のつなぎ目にカーテンが閉じるような効果を追加しました。単純に画面を切り替えるよりも変化に富んだ華やかな印象が演出できるほか、シリーズで同じ効果を使うと統一感が出るのでおすすめです。

「声」を聴きやすくする工夫とは？

#Win #Mac #iPhone #Android

動画で使う音声の中で最も重要なのは「人間の声」です。視聴者にとって聴きやすく、内容が伝わりやすい音声を作るポイントをチェックしましょう。

「声」が最も重要！

　動画制作では全般的に**ビジュアル**に重きを置きがちですが、トークが入る動画では、実は**人の声の聴きやすさ**が非常に大切な要素となります。興味がありそうなテーマの動画を見つけても、トークやナレーションが聴きづらくて視聴をやめてしまった経験はないでしょうか？　人気のチャンネルは、出演者がトークのプロでなくとも声が安定して聴きやすいように工夫されています。声の聴きやすさは、動画に対する視聴者の潜在的な印象に大きな影響を与えるため、チャンネルの成功を左右する最重要の要素の一つと捉えましょう。

　声の聴きやすさはマイクの質なども関係しますが、最も注意すべきことは**安定性**です。同じ音質で安定している声は、多少の不明瞭さがあっても聴き手の脳が補完して理解するため、意外と気にならないものです。その一方で、高品質のマイクを使用しても聴こえ方が不安定だと、聴き手のストレスになります。

耳はあらゆる音を拾っていますが、音を処理する脳は、特に人の声に反応しやすくなっています。雑音の中でも「人の声」は格別に目立つので、人の多い場所での収録は周囲に注意を払いましょう。

声を聴きづらくする要素

人の声が聴きづらくなる原因にはさまざまなものがあります。下表に挙げたようなことを収録時や編集時に意識し、なるべく**視聴者のストレスが少なくなる**ように努めましょう。

人の声が聴きづらくなる要素

要素	詳細
音量（ボリューム）	全体的な音量は視聴者が任意に調節できますが、トークの最中に音量が頻繁に上下すると聴きづらさの原因となります。 音源（話している人など）とマイクの距離をなるべく変えずに収録しましょう。全体の音量と比較して大きすぎたり小さすぎる箇所は、編集時に音量を調節しましょう。
音質	高音域が適切に録音されないと、音がこもって声の輪郭が不明瞭になります。周囲に音をこもらせる障害物がないか確認しましょう。 また、マイクの向きが音がする方向から外れていると、音質は大きく低下します。耳で聴くよりも録音の方が劣化を強く感じるので、できるだけ正確な方向にマイクを設置しましょう。
雑音	持続的に発生するノイズや、メインの音声を覆い隠してしまうほどの大きな衝撃音は、小音量や短時間であっても、聴く人の集中力を低下させます。収録場所や時間帯などに気を配りましょう。また、交通量の多い道路や工事現場など雑音の発生源が、出演者と同じ方向にならないように注意します。
ステレオ定位	音声がステレオの場合、左右間の音の位置（定位）が頻繁に動くと、聴きづらさにつながることがあります。 音源をあまり動かさずに収録するか、楽器演奏など臨場感の必要なものでなければ、動画編集ソフト上の設定で「モノラル」（左右同じ音で、中央から聴こえる）に変換してしまっても構いません。
風	特に屋外での収録時、マイクに風が当たってしまうと「ボソボソ」という大きな音が入り、ほかの音が聴こえづらくなります。対策として、「ウインドジャマー」という動物の毛皮のような見た目の用具をマイクに被せると、風音の混入を大きく抑えられます。なお人間の息を軽減する際は、ハンドマイクに「ウインドスクリーン」というスポンジ状の用具を装着すると軽減可能です（下図参照）。

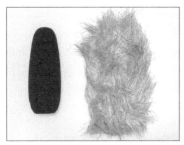

ウインドスクリーン（左）はほとんどの場合、カメラ用のマイクに標準で付属しています。ウインドジャマー（右）は、ピンマイク用からガンマイク用までさまざまなサイズが販売されています。写真のウインドジャマーはRØDEの「DeadCat」です。実勢価格はヨドバシ.comで¥4,630（税込み）です。

「持続する雑音」を除去するには？

　撮影時に気を付けていても、動画を再生してみるとノイズが入っていた……という こともあるでしょう。エアコンの動作音など、変化が少なく持続するノイズは、 動画編集ソフトの処理で取り除きやすいものの一つです。「ノイズ除去」などの項 目を選択し、どの程度除去するかを調節します。除去の割合を強くすると声質が不 自然になるので、よく聴きながら調節しましょう。

　単体で販売されている**ノイズ除去ツール**を使うと、より大幅にノイズを減らすこ とが可能です。動画編集ソフトより高品質で、部屋の防音対策を行うよりはるかに 安価なので、音にこだわるなら導入を検討してもよいでしょう。

動画編集ソフトのFinal Cut Proでは 音声素材で「ノイズ除去」にチェックを 入れ、除去の割合（量）を設定します。

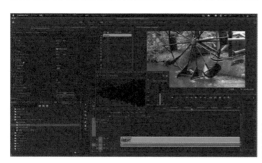

同じく動画編集ソフトのAdobe Premiere Proでは、エフェクトから「クロマノイズ 除去」を適用します。

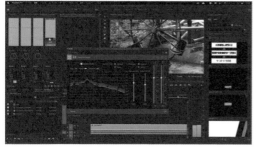

動画編集ソフト付属の機能に加え、単 体販売されているノイズ除去ツールを 使うと、より大幅にノイズを減らすこ とが可能です。iZotope RXシリーズ （https://www.izotope.jp/products/ rx-8/）は業務向けでも高いシェアを持 ちつつ、廉価版も用意されています。

PART 5

声を聴きやすく加工するポイント

　マイクで声を収録する際にマイクが口の近くにあると、余分な低音を拾ってしまうことがあります。この音は、声を聴こえやすく調節する上で障壁になります。声の素材は、各動画編集ソフトに入っている**イコライザー**（高音から低音まで、音の周波数帯ごとに強調、もしくは低減できる機能）機能を使って、音声に影響しない低音部分はカット（弱く）するなどの処理をすると聴こえやすくなります。

　話者の声質によっては「サシスセソ」などのとがった音が耳に痛く不快になりがちです。これも多くの動画編集ソフトにある**ディエッサー**という機能を使うと、音全体をあまりこもらせることなく、音のとがった部分のみをマイルドに調節できます。

　撮影した動画で声の音量変化が大きい場合、**音量を自動で調節**するツールを使うと、飛躍的に聴きやすくなります。

Final Cut Proには、エフェクトブラウザ内に「Channel EQ」というイコライザー機能があります。ここでは、人間の声にほとんど影響しない重低音をカットしました。

Adobe Premiere Proにあるディエッサー機能で調節を行っています。ディエッサーは、「サ行」の発音で入る不快な高音を、任意の度合いに低減できる機能です。

Wavesの「Vocal Rider」(https://wavesjapan.jp/plugins/vocal-rider) は多くの動画編集ソフトにプラグインとして追加できる音量調節ソフトです。メーカーのWebショップでの価格は¥4,356（税込み）です。CPUにかかる負荷も比較的軽く、ほかの作業にあまり影響を与えずに音量調節などの操作が可能です。

SCENE 06 スタイリッシュな色合いで 「映(ば)え」を狙う

#Win #Mac #iPhone #Android

1000人

Vlogなど、映像をシンプルな形で打ち出すタイプの動画は、内容だけではなく映像の「色味」も大きな個性となります。雰囲気のある色味を簡単に作る方法を紹介します。

色で「現実感」をコントロール

　現在のスマホのカメラはかなりの高性能なので、撮影される映像は人間の目により印象的に感じられるよう、色味を自動調節して鮮やかに見せています。ただ、それがかえって現実的な生々しさを強調してしまい、「スタイリッシュで現実感が薄い印象に仕上げたい」といったコンセプトの動画には合わない場合があります。

　よい形で「現実感をコントロール」する方法はさまざまありますが、最も有効なのが**色の調節**です。例えばInstagramに投稿される写真はフィルター機能によって「映え」を意識した色味に加工するのが常識です。動画においても、多くの動画編集ソフトが手軽な色調節機能とともに、プロの映像編集でも使われる**LUT**（ラット。Look Up Table）という設定ファイルを用いた高度な調節に対応しています。

　映像は録画後に細かく調節するより、撮影時に基本的な調節をしておく方が画質を良好に保てます。明るさや色バランスはなるべく撮影時に調節し、編集時には積極的な**色の演出**に取り組んでみましょう。

Adobe Premiere Rushのカメラ機能画面です。スマホで撮影した映像も、色や明るさの調節機能が付いたカメラアプリを使うことで、最終的な質を高く保つことができます。

「LUT」を活用する

　LUTは、色や明るさの設定を1つにまとめた映像調節用のファイルです。この ファイルを適用するだけで、高品質で凝った雰囲気の色味に変更できます。LUT はインターネットから有償または無償のものを入手することも可能です。多くの動 画編集ソフトが対応しているので、動画編集ソフトに気に入ったLUTがない場合 やバリエーションがほしい場合は、手に入れてもよいでしょう。

動画編集ソフトでは、LUTを適用 するだけで手軽にカラー変更でき ます。Adobe Premiere Proでは、 Lumetri（ルメトリ）カラーパネルに ある「Look」がLUTに該当します。

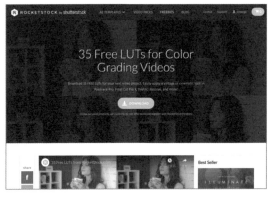

動画素材提供サイト「ROCKET STOCK」のLUTダウンロード ページ（https://bit.ly/3tncbJy）。 無料で35種類のLUTをダウン ロードできます。

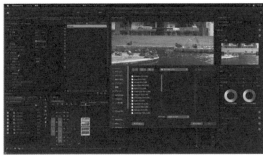

インターネット上で入手したLUT は、各動画編集ソフトに導入可能 です。Adobe Premiere Proでは、 「Look」のメニューから「参照」を 選択し、適用したいファイルを選 択します。

文字を読みやすくするには？

#Win #Mac #iPhone #Android

カット編集や音声の編集と並んで、「文字の読みやすさ」は快適な視聴の大きな条件です。ここでは、文字に関するデザイン上のさまざまなポイントをご紹介します。

動画ならではの要素も考慮

　印刷物やWebサイトに比べ、動画上の文字デザインは**映像状態の変化**への対応が重要になります。例えば静止画の場合、配置した文字がその時点で見えていれば問題ありませんが、動画の場合は常に映像が変化するので、明るさや色などの変化によって溶け込んでしまい、読みにくくなってしまうことがあります。

　テレビ放送を意識して見てみると、大半の文字は**フチ**や**影**などを使って加工されていることが多いことに気が付きます。これは派手に見せる装飾の意味だけでなく、**文字を背景から浮き立たせて読みやすくする**機能も兼ねています。また、読む時間が視聴者に委ねられる静止画と異なり、動画は展開に合わせて一定時間内に読ませる必要があります。そのための文字のデザインや文章内容の**推敲が必須**です。特に事前に脚本を作った場合、慣れていないと画面上で読むには長すぎる文章を入れがちです。映像上での見え方に合わせた修正を行いましょう。

パソコンのモニターやスマホでは、基本的に映像全体が表示されます。一方、テレビなど一部の端末では初期設定のままだと映像の端が切れている場合があります。横、縦共に、端の大体10%程度のエリアには文字を配置しないようにしましょう。

165

文字を読みやすくするための工夫

　動画は刻々と映像の内容が変わるため、一色のシンプルな文字は、背景の変化により見えにくくなる可能性があります。ここでは、文字を読みやすくするためによく使われる効果を紹介します。

　例えば「白い文字には黒」など、文字色と明るさが対極でコントラストの高いフチや影を付けると、どんな背景でも読むことのできるデザインとなります。特に読みやすくしたい文字は、**座ぶとん**と呼ばれる単色塗りの長方形などを下に敷くと、視認性がさらにアップします。

白一色の文字にした場合、背景の動画も白ベースの映像になってしまうと、途端に視認性が悪くなります。

上の文字に黒いフチと影を入れるだけで、ぐっと読みやすくなります。

座ぶとんは半透明にしておくと、動画の内容を完全に隠さずに文字を見やすく表示することができます。

読みやすいフォントを選ぶ

　動画内の文字は**決まった時間内に読ませる**必要があります。文字の線の太さが細いデザインのフォントを選ぶと、フチや影をつけたり、視聴する端末の画面サイズが小さくなると読みにくくなるので、**太めのフォント**を選ぶとよいでしょう。

　長い文を書くと、時間内に全て読むのが困難になります。**なるべく大きいサイズで、文を簡略化**することを意識してください。特に特徴的なデザインのフォントは、長文がますます読みづらくなります。タイトルなど、ひと目で読めるような語句に用いましょう。フォント選びのポイントは、P.184でも詳しく解説します。

線が太めのフォントの方が、文字がすぐ目に飛び込んでくるので動画にのせる文字に適しています。

同じ「太めの明朝体」でも、横棒が細いと読みにくくなります。同種のフォントも複数比較し、細い部分の少ないものを選ぶのがポイントです。

せっかく読みやすいフォントを選んでも、長文だと表示している時間内に読めない可能性も出てきます。文を簡略化することを意識しましょう。

文字をひと目で読めるようにする工夫

　文章の内容を素早く理解してもらうには、文字どうしに**メリハリ**をつけると効果的です。また、動画中の発言を文字に起こす場合、忠実にセリフ全体を入れると、長くなってしまいます。意味が変わらない程度に短い語句に変え、さらに文字サイズを大きくするなどのアレンジを加えてみましょう。

同じ文でも、全体が同じデザインだと印象が薄くなりがちです。キーワードとなる部分だけを大きくしたり、色を変えたりなどのメリハリをつけると印象深くなります。

発言内容を忠実に文字起こしして表示する必要はありません。意味を変えない程度まで短くし、その分文字サイズを大きくすると、さらに読みやすくなります。

BGMや効果音を扱うときのポイント

#Win #Mac #iPhone #Android

動画に変化と華やかさを生む意味でも欠かせないのが、「BGM」や「効果音」です。ここでは、複数の音声素材を動画へ追加する際のポイントや注意点を解説します。

PART 5

「音量」と「周波数」で考える

多くの動画でメインとなる音は**人間の声**、**BGM**、そして**効果音**です。それぞれは独立に成立する、ある意味では「異物どうし」といえる素材です。これらをうまく調和させるには**ぶつかる要素**を把握し、コントロールする必要があります。

真っ先に行うべきなのが**音量のコントロール**です。ただし、音量のバランスを一定に調節すればよいとは限りません。例えば声の邪魔になるからとBGMの音量を落としたとしても、声がなくなったときにBGMが小さいとさびしく感じます。そこで、声を聴かせたいシーンと、BGM以外は無音のシーンでは、BGMの音量を変化させるといった工夫が必要です。

音の高さは**周波数**によって表され、音を聴きやすくするには、音量だけでなく周波数についても考えなければなりません。音どうしの周波数がかぶると聴きづらさが増すので、調節が必要です。例えばBGMの素材から、人間の声の主要部分と被りやすい周波数帯域を若干カット（弱く）すると、音量調節とはまた違った感じで聴き取りやすくなります。

なお、BGMや効果音を加えることで音量が増加すると、収録可能な音量を超え、音が割れて不快な聴こえ方になる（レベルオーバーになる）可能性があります。効果音などが入るたびに細かく音量設定するか、動画編集ソフトの**リミッター**というエフェクト機能を使い、大きな音を抑えましょう。

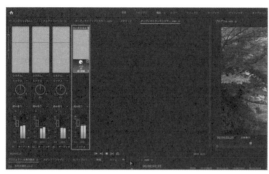

効果音やBGMを追加するたびに細かく音量設定するのが面倒な場合は、全ての音がミックスされたマスターデータに「リミッター」というエフェクト機能を適用します。これでほぼ自動でレベルオーバーを抑えることが可能です。ここでは、動画編集ソフトのDaVinci Resolveでマスターとなるデータにリミッターを適用しました。

動画に効果音を追加するときのポイント

効果音は音量差が激しいため、不用意に配置すると**急にうるさく聴こえる**など視聴者に不快感を与える要因になります。まずは使用する効果音の中で基準とするものを選び、その音量とほかの音量とのバランスを決めた上で、個々の効果音をそれに準ずる程度の音量に調節しましょう。また、同じ効果音が連続すると、動画の流れが単調になってしまいます。バリエーションを増やすとよいでしょう。

効果音は音声やBGM以上に、環境によって聴こえ方が違います。スマホのスピーカー、ヘッドホン、イヤホン、音楽を聴くレベルのスピーカーなど数種類で音を再生し、不快感がないかチェックしましょう。

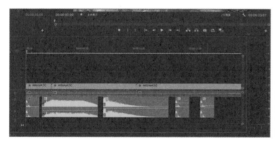

それぞれの効果音の音量は、ほかの音と同時に聴いたときに不快にならない程度に目立たせ、なおかつレベルオーバーが発生しない範囲内に収まるように調節します。

効果音の単調さを軽減するには、役割別に複数の音を用意し、ローテーションで使うのがおすすめ。「注意点を伝えるときはPoint_shot_01.wav、場面の切り替わりはPoint_shot_02.wav」というようにポイントとなる部分に流す音をあらかじめ決めておくとよいでしょう。

BGMを動画に適用する際のポイント

　トークとBGMを重ねる際は、楽曲から人間の声とかぶりやすい周波数帯域を若干カットすると、声が聴き取りやすくなります。**イコライザー**は、音の周波数帯ごとの音量を細かく調節する機能です。この機能を使い、人間の声の主成分となる中域（1kHz付近）とかぶらないようにBGMを調節しておきましょう。イコライザーは、ほとんどの動画編集ソフトに標準搭載されています。

　たいていのBGMは、音が右チャンネルと左チャンネルに分かれた**ステレオ**で収録されており、左右が異なる聴こえ方をすることで広がり（臨場感）が加わっています。ステレオの音の広がり具合を調節すると、特に中域付近に集まりやすい人間の声と直接ぶつかることを避けられ、ほかの音素材とのなじみ方が調節できます。

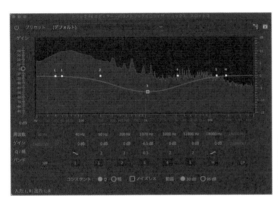

BGMの素材は、不自然にならない範囲で中域（1kHz付近）をゆるやかに下げておくと、声と衝突することが減り、聴きやすさがアップします。

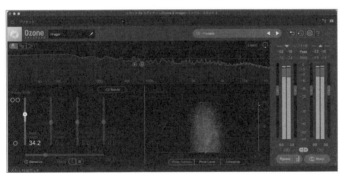

iZotopeの「Ozone Imager」（https://www.izotope.jp/products/ozone-imager-v2/）は動画編集ソフト用の無料プラグインです。音量とともにステレオの広がり具合を変更し、最適なバランスに調節できます。

BGMの音量を変化させる

　BGMの音量は、ほかの音声の有無に合わせてその都度**音量を調節**するのがベストです。手動で小さくすることも可能ですが、長時間のトーク動画などは調節に時間がかかります。動画編集ソフトに付属している機能を利用すると、調節の手間を大幅に軽減することが可能です。

DaVinci Resolveで「キーフレーム」機能を使い、部分的にBGMのボリュームを変化させている様子です。キーフレームとは特定の時間位置の値を記録する機能で、必ず2つ以上設定します。A地点とB地点にキーフレームを追加すると、Aの値からBの値へと徐々に音量を変化させることができます。

Adobe Premiere Rushでは、あらかじめオーディオ素材の種類を「音声」（人の声）または「ミュージック」と指定しておきます。

その後、「自動ダッキング」の機能をオンにするだけで、人が話すときだけBGMの音量が下がるといった処理が自動的に行われます。

SCENE 09 全体の音量を調節して 聴きやすい動画に仕上げよう

#Win #Mac #iPhone #Android

1000人

音量調節には、動画内の音素材のバランス調整と、動画全体の音量調節の2つがあります。ここでは、音量の基準についての知識と、調節法について解説します。

PART 5

「ラウドネス」を意識する

例えばYouTube動画を連続して視聴しているとき、次の動画の音量が急に大きくなったり小さくなったりすると、視聴者にとって大きなストレスになります。そのため、YouTubeには**音量に関する基準値**があり、音量が大きすぎる動画はアップロード後に**自動的に下げられる**仕組みになっています。しかし、もともと音が小さすぎる動画は自動的に音量を上げる仕組みにはなっていないので、動画の制作者が意識して基準に近い音量に設定する必要があります。

音量の基準は**ラウドネス**と呼ばれ、**LUFS**という単位で表されます。YouTubeは**−14LUFS**という基準値が採用されていますが、これは部分的な音の大きさではなく、動画全体の平均値を指しています。ラウドネスはテレビ放送などでも幅広く導入されている基準なので、動画編集ソフトにはラウドネスを計測するメーターや、自動で基準に合わせる機能を持つものもあります。厳密に合わせる必要はありませんが、ほかの動画と大きなギャップが出ない程度に意識して、調節しましょう。

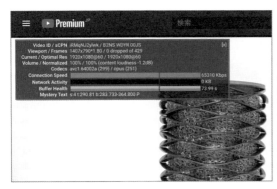

YouTube動画の音量や自動調節された値は、「詳細統計情報」から確認できます。パソコンのブラウザでYouTubeの再生画面を右クリックし「詳細統計情報」を選択します。「Volume/Normalized」の「content loudness」が−10dBよりマイナス方向に値が大きいと、視聴者が「音が小さい」と感じる可能性があります。

173

音量を計測・調節する

　動画編集ソフトに付属している**ラウドネスメーター**で、動画の音の平均値を測ってみましょう。「－14LUFS」（YouTubeの既定値）に近いと、アップロード後の自動調節が最小限になり、編集時とのギャップを抑えられます。Adobe Premiere Proなど、動画編集ソフトによっては全体の音量を最適な値に自動調節してくれます。

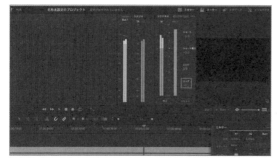

DaVinci Resolveで、動画全体の音を計測してみました。動画を最初から最後まで再生した時点で「ロング」の値を見ると、その動画全体のラウドネス値が分かります。

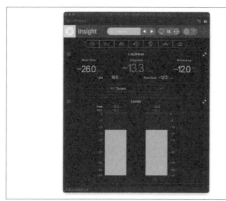

ラウドネスメーターが付いていない動画編集ソフトを利用している場合は、プラグインでメーター機能を追加できます。画像はiZotopeの「Insight 2」（https://www.izotope.jp/products/insight-2/）。価格はメーカーのWebショップで¥22,990（税込み）です。

Adobe Premiere Proの場合、動画の書き出し画面で「エフェクト」→「ラウドネスの正規化」を選び、ラウドネス標準を「ITU BS.1770-3」、目標ラウドネスを「－14LUFS」に設定すると、YouTubeの基準に沿った音量に調節されます。

PART 6

サムネイルと
オープニングで
視聴者をキャッチ！

サムネイルが持つ
役割を知る

#Win #Mac #iPhone #Android

動画の視聴数をアップさせるために、ある種「動画の内容より大切」とさえいわれるのが、動画の一覧で表示されるサムネイル画像です。ここではまず、サムネイルの持つ役割について認識しておきましょう。

「ゼロ」かそうでないかの大きな分かれ道

　どれだけ素晴らしい内容の動画を作っても、再生されなければ全ては「ゼロ」です。再生されるか否かの大きな分かれ目となるのが、**サムネイル**画像の存在です。サムネイルとは動画を一覧表示する際に用いられる縮小した画像のことで、視聴者に動画がどんな内容を扱っているのかを直感的に伝える効果があります。ここで「面白そう！」と興味を引き付けることができれば、再生へとつなげることが可能です。YouTubeでコンテンツを公開する際は、動画内から自動で抜き出された3つの画像から選択してサムネイルを設定できます。ただし、自分でサムネイル用の画像（**カスタムサムネイル**）を作って設定することもできます。ほとんどの人気動画は、カスタムサムネイルを使用しています。なお、カスタムサムネイルの設定には事前に本人確認が必要です（P.17参照）。

　サムネイルの見せ方はYouTuberによって異なります。中には、誤解を招くような画像を設定して視聴数を稼ごうとする**釣り**を狙ったサムネイルもありますが、そうした小細工は低評価につながり、長期的にはマイナスです。うそや極端な誇張は排除した上で、**視聴者が見たいと思っている内容を吟味**することが、的確なサムネイル作成の近道となります。

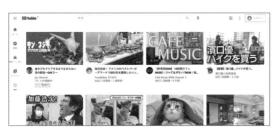

人気急上昇中の動画の一覧画面。ほとんどはサムネイルを見ただけで「何を扱った動画か」「誰が出ているのか」がひと目で分かります。

サムネイル画像に求められる要素とは

　視聴数アップにつながるサムネイルとは、多数の動画の中で**自分が興味のある動画だ**と一瞬で視聴者に感じさせることです。つまり「どんな内容なのか」が分かりやすいように作るのがポイントです。繁華街にならぶ多数の看板や広告をヒントにして考えてみることをおすすめします。おのずと「**どんな内容を**」「**誰に向けて**」アピールすればよいか導き出せるでしょう。

　スマホでは、サムネイルもかなり小さく表示されます。極小の表示でも内容が分かりやすいよう、素材の選択や文字の大きさの工夫が必要となります。

▶ サムネイル作成時のポイント

・ひと目で何についての動画なのかの大枠が理解できるようにする
・看板や広告のように、伝える内容やターゲットを意識して作る
・スマホの小さい表示でも見やすいように作る

街の看板も、パッと見ただけで「何の店なのか」がすぐに分かります。サムネイルも同様に、ひと目見ただけで、何についての動画なのか、視聴者が読み取れるように作ることが重要です。

YouTube動画を視聴する際に利用する端末で一番多いのは、やはりスマホです。画面が小さい分サムネイルも小さくなってしまうので、スマホでも問題なく認識できる文字の大きさに調節しましょう。

PART 6

カスタムサムネイルの 作成条件とは？

#Win #Mac #iPhone #Android

サムネイルを作る際は、推奨されるデータのサイズやファイル形式に準拠し、最適な形で表示されるようにしましょう。さまざまな環境で見やすい画像に仕上げることが、再生数アップのキモです。

YouTube のサムネイルは大きな表示が前提

スマホやパソコンでYouTubeを開くと、サムネイルは実際のコンテンツよりもかなり小さめに表示されています。そのため、サムネイルには小さい画像を用意するものと誤解されがちです。しかしYouTubeは、Apple TVやChromecast、Fire TV Stickといった機器を利用して家庭用の大画面テレビでも多く再生されており、次の動画にジャンプする際などにサムネイルがかなり大きく表示されます。そこで、画像は**動画と同等のサイズで用意**するようにしましょう。YouTubeが推奨するサムネイルのサイズも、やはり大画面を前提したものとなっており、公式サイトでは**1280×720**ピクセルとされています。ただし、サムネイル画像を動画内のタイトルカットに流用する可能性を考慮し、フルHDの動画と同じ**1920×1080**ピクセルでの作成をおすすめします。

サムネイル画像は画像編集ソフトで作ります。高価な製品でなくても、スマホアプリで手軽に作れます。

サムネイルのサイズ

幅1280ピクセル以上	
横：縦比　16：9 高さ720ピクセル以上	

ファイルサイズ	2MB以内
画像形式	JPGまたはPNG
解像度	公式推奨：1280以上×720ピクセル以上／おすすめ：1920×1080ピクセル（フルHD）
縦横比	16：9

カスタムサムネイルの設定方法

サムネイルの設定は、「動画の詳細」画面で行います（P.37参照）。デフォルトでは、**動画の中から自動で3つの画像が抜き出されます**。カスタムサムネイルを設定するには、画面上の「サムネイルをアップロード」から行います。

なお、サムネイルは動画を公開した後でも変えることができます。

「動画の詳細」画面を表示する

❶「サムネイルをアップロード」をクリック

ファイル選択画面が表示されたら、設定したいファイルを選択する

❷プレビュー欄にサムネイルが反映される

PART 6

▶ 動画公開後にサムネイルを変更する

動画を公開した後にサムネイルを変更する場合は、YouTube Studioの動画一覧で「詳細」をクリックし、「動画の詳細」画面を表示して差し替えます。

サムネイルに使う素材を用意しよう

#Win #Mac #iPhone #Android

サムネイルを作る上で最も大きなポイントとなるのが、素材の選び方です。ここでは、自分で撮る・探す両方のケースで役立つ注意点をご紹介します。

「動画中からの抜き出し」にこだわらない

　サムネイルの作成にはさまざまなデザイン上のテクニックがありますが、出来上がりを一番大きく左右するのは**素材となる画像の良しあし**です。画質はもちろん、**見せたい部分がしっかり映っているか**をしっかり見極めて、これだという1枚を選びましょう。カスタムサムネイルは必ずしも動画の中から画像を切り出す必要はありません。内容を的確に表し、意図的に誤認させるようなものでなければ、サムネイル用に撮影した写真や、配布・販売されている素材を使うのもアリです。

　特に作者のパーソナリティを重視するチャンネルでは、サムネイルにも**顔出し**をすると目を引く効果があります。ただし暗かったり、不鮮明だったりするとかえって逆効果になり得ます。人物を出す場合、原則として**目にピントが合っているか**を重視し、**十分な明るさのある場所で撮影する**ことを心がけましょう。これで、たとえスマホのカメラであってもよい印象の写真を撮影できます。

多くの場合で、動画から切り取るより写真（静止画）を別に撮影した方が、よい画質になります。撮影された素材の解像度（サイズ）も写真の方が高いので、一部を切り取って拡大して使うこともできます。

黒板やホワイトボードの前で写真を撮るとき、人にピントを合わせるとボード上の文字がぼやけることがあります。そんなときは何も書いてない状態で撮影し、パソコンやスマホで文字を追加しましょう。

サムネイルにぴったりな素材を手に入れる

　写真から人や物などを切り抜いて使いたい場合、Adobe Photoshopなどの画像編集ソフトを利用する方法もありますが、最近は1点あたり数十円程度から発注できる切り抜きサービスも多数登場しています。例えば「切り抜きjp」(https://kirinuki.jp/) は3点まで無料でトライアルとして依頼できるので、一度試してみるのもよいでしょう。

　また、無料でも高品質な画像素材が手に入るサービスは数多くあります。それらも積極的に活用しましょう。

Adobe Photoshopによる切り抜きです。このようなソフトの習得にスタミナを使いすぎたくない場合は、有料の切り抜きサービスを発注するのも手です。

Adobeが運営する素材販売サービス「Adobe Stock」(https://stock.adobe.com/jp/) には、無料で利用できる素材もあります。

PART 6

サムネイルに使う言葉の選び方とは？

SCENE
04

#Win #Mac #iPhone #Android

国によっても傾向が異なるサムネイル。日本は文字情報が多い傾向にありますが、ただ文字を入れるのではなく言葉の選び方に気を配ることで、再生につながる可能性がアップします。

サムネイルに使う言葉は「分かりやすく」が鉄則！

　映像（視覚）や音声（聴覚）といった情報は、主に右脳で処理されます。一方、言葉（論理、意味）は主に左脳で処理され、人間の脳内はこれらが互いに作用しながら、さまざまな事柄を認識しています。

　サムネイルはどちらかといえば右脳による**直感的な認識**を意図したもので、事実、欧米では左脳情報である「文字」をあまり目立たせない傾向があります。ところが日本では、おそらく国民性や、それに基づくテレビコンテンツの作られ方の違いなどにも影響されているかと思いますが、文字情報を目立たせるデザインが好まれる傾向があります。つまり**ちょっとくらい情報過多でも分かりやすさの方が重要視**されるのです。

　しかし、たとえ傾向が違っても、直感（右脳）に訴えかけるというサムネイルの役割に違いはありません。短時間の接触でも内容を理解しやすくするために、**サムネイルに使用する言葉を吟味**することが重要です。

日本では、サムネイルの文字は大きくデザインされ、複数の語を入れたものが多い傾向にあります。一方、アメリカなどの英語圏では、あくまでビジュアルをメインにして文字は小さく、言葉もシンプルにする傾向が強いです。

PART 6

> ─ **HINT** ─
> YouTuberの中には、日本向けの動画と海外向けの動画で全く違うサムネイルにして
> いる場合もあります。多言語圏への発信を狙うなら、こうした風潮の違いもリサーチ
> してみましょう。

「あいまい言葉」を避け明瞭度を研ぎ澄ます

　サムネイルに使う言葉を吟味する際、すぐにでも実行できるのが、**あいまい言葉**
の言い換えです。視聴者が直感的にイメージしづらい単語や表現は避けましょう。

　具体的には、**カタカナ語**や**相対的表現**が挙げられます。カタカナ語（外来語）は、
「アジェンダ」「エビデンス」など、外国の言葉をそのままの読みで日本語として使
用するようになった言葉です。内容がすぐ思い浮かびにくいので、サムネイルには
向きません。「大きい」「小さい」などの相対的表現も、立場や状況によって受け取
り方が変わってしまうため、具体的なものと比べて書くことをおすすめします。

▶ 避けた方がよい言葉のポイント

・視聴者が直感的にイメージを持ちにくい単語や表現を避ける
・「カタカナ語」は内容が分かりにくくなりがち
・状況によって変化する「相対的表現」もなるべく避ける

カタカナ語の具体例と修正例

カタカナ語	修正例
スキーム	計画、枠組み
ブラッシュアップ	改良した、洗練させた
ファクター	要素、要因
アドバンテージ	優位性

相対的表現の具体例と修正例

相対的表現	修正例
大きい・小さい	身近なもの、有名なものと比較する
速い・遅い	時速などの単位や、身近な乗り物と比べる
珍しい	具体的な数などで述べる
新しい・古い	年代や年数で述べる

サムネイルにおける
フォント選びのポイントとは？

#Win #Mac #iPhone #Android

サムネイルに入れる言葉をより印象的、かつ読みやすくデザインするには、フォント（書体）を工夫するのが最も近道かつ効果的です。ここでは、おすすめのフォントを紹介します。

同じ言葉もフォントで印象が変わる！

　パソコンやスマホの中にも、標準で数種類のフォントが入っています。ただしそれらは、あくまで書類の作成に対応できる程度のもの。サムネイル上の文字の印象を強くするためには、**インパクトのあるデザインのフォント**を利用したいものです。

　フォントは各サービスからダウンロードして、端末に追加できます。比較的高価なものもありますが、無料でも優れたデザインのものや、使い放題のサービスもあります。ただし、無料の日本語フォントは収録されている文字種（主に漢字）が少ないこともよくあります。目安として**JIS第二水準**という規格の文字種にある程度対応しているフォントをおすすめします。

　サムネイルを作る上で、ぜひ揃えておきたいのが**太さ**のあるフォント。特にWindowsの標準フォントは、Macに比べて太字系が少ない傾向があります。個性の強いフォントだと、サムネイルをひと目見て「あのチャンネルだ！」と分かるような記号としても機能してくれます。

無料フォントのインストール方法

　まずは各Webサイトでフォントのデータファイルをダウンロードしましょう。その後は端末によって操作方法が変わります。

　Macの場合、ダウンロードしたフォルダをクリックして展開し、「フォントをインストール」をクリックします。**Windows**の場合、フォルダを右クリックし「すべて展開」で展開。フォルダ内のフォントファイルを右クリックし、「インストール」をクリックします。**スマホ**の場合は、各アプリストアよりフォントアプリをダウンロードします。アプリを開き、インストールしたいフォントをタップしましょう。

おすすめの無料フォント

　代表的なフォントメーカーである**フォントワークス**は、2021年1月に8書体の無料提供を開始しました（https://github.com/fontworks-fonts）。フォントメーカーの作製した有料フォントの一部が無料で利用できるのでおすすめです。ほしいフォントの「Code」→「Download ZIP」よりダウンロードできます。ほかにも、ライトノベルの表紙の文字を意識した「**ラノベPOP**」（http://www.fontna.com/blog/1706/）や、往年のクイズ番組のデザインをモチーフにした「**チェックポイント★リベンジ**」（http://marusexijaxs.web.fc2.com/quizfont.html#quizfont5）などのフォントも視聴者の目を引きやすく、おすすめです。

フォントワークスが無料提供するフォントの一部。パソコンに標準で付属するものとは一味違う字体が多く、サムネイルに個性を出すのにもピッタリです。

ラノベPOPは明るく楽しい雰囲気を持ちつつ、漢字も数多く収録しています。サムネイル以外にも、テロップなどで重宝します。

チェックポイント★リベンジは個性的でありながら収録文字数も多く、強いインパクトを出したいときに効果的なフォントです。

> **HINT**
>
> 代表的なフォントメーカーであるモリサワのフォントが¥54,780/年（税込み）で使い放題になる「MORIWASA PASSPORT」（https://www.morisawa.co.jp/products/fonts/passport/）や、AdobeのサブスクリプションサービスであるCreative Cloudを契約すると使える「Adobe Fonts」（https://fonts.adobe.com/）、低価格プランが豊富にある「mojimo」（https://mojimo.jp/）など、定額の使い放題サービスもあります。

SCENE
06

配色でチャンネルを
ブランディング！

#Win #Mac #iPhone #Android

印象的なカラーリングは、自分のチャンネルを認識してもらうための記号としても大変有効です。色を味方に、チャンネルをブランディングしていきましょう。

色は「ブランディング」の大きな武器に！

　サムネイルは、画像や文字と並んで**配色**が印象を大きく左右します。とにかく早く効果を出したいなら、最適な色の組み合わせを提案してくれる**配色ツール**を使うのがおすすめです。色の一覧から好きな色を選ぶとその色に合う組み合わせが表示されたり、色合い（色相）、色の濃さ（彩度）、明るさ（明度）を変更しながら自分の好みの組み合わせを直感的に探したりできます。

　ツールで作成した色は「#FFEE00」のような**カラーコード**で表現され、それをコピー＆ペーストすればほとんどのソフトで同じ色を表現できます。気に入った組み合わせができたら、**チャンネルのブランドカラー**にしましょう。

おすすめの配色ツール

▶ Pigment

　「**Pigment**」（https://pigment.shapefactory.co/）はバランスのよい色の組み合わせ2色を、ページを読み込むたびにランダムに生成してくれる無料のWebサービスです。彩度や明度をバーで調整して好みの色を作ったり、ベースカラーを1色選んでその色と相性のよい色を探したりもできます。

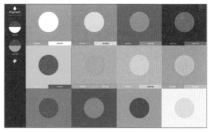

気に入った組み合わせをクリックすると、選択したそれぞれの色のグラデーションが表示され、さらに細かく色の組み合わせを見ることができます。

▶ Adobe Color

「**Adobe Color**」(https://color.adobe.com/ja/create/color-wheel) は、イメージや好きな色から、最適な色の組み合わせを生成する無料のWebサービス。Adobeのソフトを購入しなくても使えます。色を選ぶとそれに調和する色を表示したり、トレンドの色の組み合わせを探せたり、イメージから色の組み合わせを探すことができます。

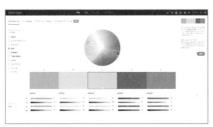

トップ画面では、ホイール上で1つの色を選ぶと、さまざまルールに従い、色の組み合わせを自動作成してくれます。

カラーユニバーサルデザインを意識する

同じものを見ていても、認識する色は人によってさまざまです。誰にとっても理解できる色の使い方をすることを**カラーユニバーサルデザイン**といい、これを意識することで、より多くの人に、正確に情報を伝えることができます。サムネイルだけではなく、動画内やチャンネル全体で意識したい考え方です。

まずは、できるだけ多くの人に見分けやすい配色を選びましょう。例えば色の明暗をはっきり分けると判別しやすくなります（次項の「補色」も参照）。また、色を見分けにくい人にも情報が伝わりやすくなるよう、線を太くしたり模様を入れるなどで変化をつけたり、文字や番号を入れたりするなど、色以外でも情報を伝えられるとなおよいでしょう。

▶ カラーユニバーサルデザインのポイント

・できるだけ多くの人に見分けやすい配色にする
・情報に変化をつける
・色以外の情報でも伝える

カラーバリアフリー 良くない例	カラーバリアフリー 対策後

カラーバリアフリーを意識する前の画像（左）と、カラーバリアフリーを意識した画像（右）。右の方がより見やすいサムネイルになりました。

視聴者の目を引く
レイアウトとは？

#Win #Mac #iPhone #Android

同じ画像やフォントをサムネイルの要素として使っても、それらのレイアウト次第で見え方は大きく変わってくるものです。ここでは、視聴者の目を引くためのポイントを紹介します。

「盛り付け」で素材を活かそう

サムネイルに使う画像やフォントは、料理に例えれば食材。それぞれを加工（調理）して同じ味が出せたとしても、最終的に**どう盛り付けを行うか**で印象が大きく変わります。この「盛り付け」に当たるのがサムネイルの**レイアウト**です。サムネイルは視覚に訴えるものなので、この工程が非常に大切です。

それぞれの要素を見やすく配置するというということは何となく分かりますが、「見やすさ」の基準は何なのでしょうか。前項ではカラーバリアフリーについて解説しましたが、ここでは**三分割法**や**補色**といったレイアウトの基本を紹介します。これらを意識するだけで、驚くほどサムネイルのバランスがよくなり、それぞれの要素にメリハリもついて、「見やすい」サムネイルが完成します。

サムネイルが完成したら、**「それぞれの要素が打ち消し合っていないか」**という観点で観察すると、改善点も見えやすくなります。さらに作ってから一晩ほど時間を置くと、より客観的な視点でサムネイルを見直すことができます。こうした時間を確保するために、動画の公開に慣れるまでは、余裕のあるスケジュールを心がけましょう。

「三分割法」とは？

三分割法とは、画面の縦と横にそれぞれ2本の線を引いて9つのエリアに分割し、その線上や、線どうしが交差するところに重要な要素を置くとまとまって見えるという技法です。線を引くだけなので簡単ですし、バランスよく仕上げることができます。

レオナルド・ダ・ヴィンチの『最後の晩餐』も三分割法で描かれているように、この技法がレイアウトの基本です。

意識したい3つのメリハリ

　サムネイルでは**一番伝えたいこと**を常に意識し、そこに視聴者の注目が行くように要素を調整する必要があります。サムネイルでは主に**色や明るさ、大きさ、情報量**といった要素がありますが、それぞれを全て目立たせると見づらくなるだけでなく、伝えたいことが埋もれてしまいます。ほかの要素を抑える、つまり**メリハリをつける**ことを常に考えながら、デザインを調整してください。

色の配置を決める際に便利な「色相環」。この円上で対になる色どうしは「補色」と呼ばれ、文字と背景のそれぞれに割り当てることでメリハリをつけることができます。

文字の背景になる写真がゴチャゴチャしています。これを部分的に「ぼかす」「明るさを調整」などの加工を行って情報量を減らすと、同じ素材でも大幅に見やすくなります。

SCENE 08 動画冒頭に「マンネリ」を入れる!?

#Win #Mac #iPhone #Android

オープニングはブランディングのほか、動画の視聴時間維持にも関わるとても重要な部分です。ここでは、冒頭に仕掛けるとより効果的な施策の例を紹介します。

「マンネリ」が持つプラスの意味

動画のオープニング部分は、ブランディングも含めて凝った映像を入れたくなるものです。ただし、すでに一定以上のファンがいる場合を除くと、長すぎるオープニングは視聴者の離脱につながる危険があります。

連続再生されたときなどに、適度な時間で「あのチャンネルだ！」と認識してもらえるようなオープニング作りがとても大切です。そのため本書では、始まり部分にあえて**マンネリ**的な要素を入れておくことをおすすめします。数秒程度のロゴ表示や決まり文句など、ブランディングと間延び回避のバランスを考えて短く簡潔なものを考えてみましょう。

新規の視聴者が動画を見る際は、**これからこの動画に時間を費やす価値があるか**という不安がつきものです。それを緩和するために、長尺の動画はコンテンツ内の、ハイライト的なシーンをいくつか抜き出し、ダイジェスト的なオープニングにするのも効果的です。ダイジェストは、動画のアップをSNSでアナウンスする際などにも使えて便利です。

オープニング部分はチャンネルのロゴアニメーションなど凝ったものを用いるほか、毎回決まり文句を言うなど手間のかからない形でも十分効果的です。

オープニングに仕掛けると効果的な施策

　オープニングは**毎回同じパターンを踏襲**することで、「この人のチャンネルだ」と視聴者に伝わりやすくなり、ブランディングに効果的です。

　シリーズものの場合、テレビ番組などでは「前回のダイジェスト」が流れることが多いと思います。YouTube動画では、冒頭で「今回はこんなことをやっています」といったように**今回の動画のダイジェスト**を流し、動画の内容を分かりやすく伝えましょう。

▶ 施策についてのポイント

- 原則として毎回同じパターンを踏襲する
- 「今回の」ダイジェストを掲載する
- おすすめの再生速度を提示する

これから再生する動画のダイジェストをオープニングに入れるとともに、前回の動画も一緒に視聴してもらうためのリンクを画面上に配置すると効果的です。

　また、動画が長い場合、あらかじめ「○倍程度での再生がおすすめです！」など**あえて時短のための高速視聴をすすめる**という手もあります。

動画プレーヤーの右下の「設定」で再生速度を変更できます。あえて高速視聴を案内すると、視聴者の利便性が高まり、好感度アップにつながります。

SCENE 09 素材をテンプレート化して 時短につなげよう

#Win #Mac #iPhone #Android

編集作業には多くの時間を費やします。そこでここでは「お決まりの部分」をテンプレート化するというテクニックを紹介します。作業時間、書き出し時間を大幅に減らすことが可能になります。

「使い回し」こそ時短の極意

　実際に動画編集を経験すると、思った以上に手間がかかり、時間を費やすことに驚くかもしれません。特に多くの方がぶつかるのが**動画の書き出し時間**の壁でしょう。書き出し（**レンダリング**）とは、動画編集アプリで動画に追加したアニメーションなどの効果や音声といった要素を1つにまとめてファイルに保存するプロセスのことです。レンダリング中、ユーザーは待つことしかできません。動画を急いで編集しても、書き出しに数時間を要してしまい、なかなか公開できない……ということも多々あります。

　書き出しでは、特にエフェクトやトランジションなどの効果を処理する時間が長くなります。そこでおすすめなのが、**使い回し**のテクニック。時間のかかる特殊効果をあらかじめ動画ファイルとして保存しておき、必要なときに呼び出して使い回すようにしましょう。こうすれば、時間がかかるのは最初に素材を書き出すときだけで、以降は書き出された動画を読み込むだけになります。

編集を繰り返していると、制作した内容と書き出し時間の相関が大体把握できるようになります。睡眠や外出など作業ができない時間をあてることで効率が大幅にアップします。

> **HINT**
> 作業にかかる時間のうち、まずは「何もできない待ち時間」の割合を可能な限り減らしてみましょう。

「使い回す素材」の作り方のコツ

　エフェクトなどの特殊効果を使うと、動画の華やかさが増します。さまざまな**特殊効果の素材動画**を作っておきましょう。

　素材動画を作ったら、**透過**（P.155参照）**部分を含んだ形式**で書き出すのがコツです。これで効果以外の背景が透過するので、ほかの動画に合成しても、効果だけが重なっているように見えます。

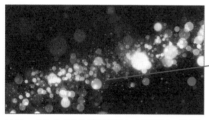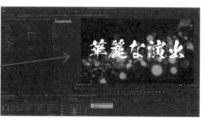

エフェクトやCGなどで作製した効果は、動画ファイルとして保存しておき、編集で必要な箇所に合成して使い回しましょう。作業時間を短縮できます。

　毎回使うBGMは、ファイル自体の音量をあらかじめ**声と合わせる場合の音量に調節**しておくと、声と合成するたびに調節する必要がなくなり、負担が軽減されます。

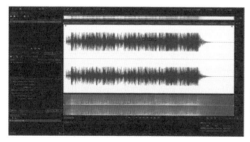

動画で流れるBGMの音量をあらかじめ声と合わせるときの音量に調節しておくと作業が楽になります。音量の基準に関しては、P.169を参考にしてください。

「透過部分」を含んだ動画素材を作るには

　透過した背景を含めて動画を書き出すには、**コーデック**の指定が必要です。コーデックとは、動画や音声のデータを圧縮や変換（エンコード）、復元（デコード）するソフトウェアのことです。コーデックした動画と音声のデータを、「.avi」や「.mov」といった**ファイルフォーマット（動画形式）**でまとめることで、音声付きの動画として再生できるファイルになります。

　コーデックにはさまざまな種類がありますが、その全てが透過した部分を含め

て圧縮・変換できるわけではありません。正しいコーデックで保存しないと、何もない箇所でも透過していない状態として保存されてしまいます。**Apple ProRes 4444**やアニメーションなどに設定してください。

素材が作れるソフトと書き出し形式の指定

　Adobe Premiere Proで制作した動画なら、コーデックはApple ProRes形式の1つである**Apple ProRes 4444**にしましょう。これで、透過部分も含めた動画として書き出せます。

　実は、Apple標準のプレゼンテーション用ソフト**Keynote**もApple ProRes 4444形式で書き出すことができます。Keynoteに収録されている特殊効果で装飾したタイトルを素材としてファイルにしておけば、動画編集ソフトでそのファイルを合成できます。

　ロゴや手書き文字といった**静止画**の素材なら、PNG形式またはPhotoshop（.psd）形式などで書き出しましょう（P.155参照）。これらのファイル形式は、大半の動画編集ソフトで扱うことができます。

使える！　テンプレート販売サイト

▶ Adobe Stock

　「**Adobe Stock**」（https://stock.adobe.com/jp/）は、Adobeが運営する画像やテンプレートの販売サイトです。Adobe製品で使えるテンプレートが有料・無料共に公開されています。カテゴリで「Premiere Pro」や「Premiere Rush」を選ぶと、それぞれのソフト専用のテンプレートが見つかります。

▶ MotionElements

　「**MotionElements**」（https://www.motionelements.com/ja/）　は、DaVinci Resolve、Final Cut Pro、Premiere Proなどに使えるテンプレートを入手できます。都度購入のほか、無制限定額制プランもあります。動画や静止画、BGMなどの素材も配布されています。

▶ titleboxx

　「**titleboxx**」（https://www.title-boxx.com/）は、タイトルの装飾に使えるAdobe After Effects用の高品質なテンプレートが、リーズナブルな価格で販売されています。画像や文字を入れ替えるだけで簡単に使えます。

PART 7

再生数で差を付ける！
公開時の
必須テクニック

タイトルで目を引く
テクニック

#Win #Mac #iPhone #Android

PART 6で詳説したサムネイルとともに「再生してもらえるかどうか」の重要なポイントが、動画の「タイトル」です。タイトルを工夫して読者の目を引くことが再生数アップの鍵です。

重要なキーワードを先に持ってくる

　タイトルはサムネイルと同じく、視聴者との**最初の出会い**に位置付けられる重要なファクターです。しかし、ビジュアル的な直感がものをいうサムネイルに比べると、タイトルは冷静に読まれやすい項目といえます。**サムネイルでつかまえた視線を後押し**するようなキーワードを使い、視聴者に動画の意図を的確に伝えるよう気を配りましょう。

　視聴環境によっては、長いタイトルの後半が省略されてしまうことがあります。そのため、タイトルに入れたいキーワードが複数ある場合にはそれぞれを**ランク付け**して、優先したいものほど**左側に配置**すると省略されずに済みます。また、サムネイルと違い、色やフォントを変更するといったデザイン上の表現は行えません。そこで、記号を使って重要なキーワードを目立たせましょう。なお絵文字も入力できますが、環境によっては表示されない場合もあるので、使用を避けましょう。

タイトルは動画公開後も変更可能。再生数が伸びない動画のテコ入れにも使えます（サムネイルにも同様のことが言えます）。状況の変化に応じてタイトルを変えてみましょう。

タイトルの記載で気を付けるべき点とは？

　動画のタイトルを目立たせるには、記号が有効です。重要なキーワードを【　】（隅付きカッコ）でくくったり、「★」などの記号で目立たせるとよいでしょう。

　カラーの絵文字をタイトルに用いた場合、YouTube Studio内の一覧表示にはきちんと反映されますが、実際は環境により反映されないことがあります。

▶ タイトル入力時のポイント

・重要なキーワードを【　】や★などで目立たせる
・長いタイトルは後半が省略される場合あり
・絵文字は入力できるが表示が不完全

表示される画面や端末によっては、長いタイトルは省略されることがあります。短くまとめるか、重要な語を前半に置くなどの対策を施しましょう。

絵文字は視聴環境によっては表示されないことがあります。YouTube Studioの動画一覧では反映されるので気付きにくいですが、意味がつかみにくくなり再生につながらないので、避けた方がよいでしょう。

動画の説明文は
優秀な情報伝達ツール

#Win #Mac #iPhone #Android

動画に付ける説明文にも気を配りましょう。よくできた説明文は、外部サイトへの誘導にも効果があるなど、再生を促すだけにとどまらないプラスアルファの利用価値があります。

説明文は「情報伝達」のために利用しよう

　YouTubeの動画の説明文は最大5,000字と、そのまま**一本の記事**にできる量のテキストを掲載できます。その中で使われる言葉は検索の対象にもなっているので、キーワードとなりそうな事柄はなるべく**文字化しておく**のがおすすめです。しかし、ただ単語を羅列したり、内容に関連しない語を多く入れたりすると、YouTubeの運営側に不正と判断される危険もあります。文章の中に、必要なキーワードを違和感なく入れ込むようにしましょう。次々と流れてしまう映像や音声とは違い、**固定できる情報伝達機能**として大いに活用してください。

　なお、説明文は視聴環境によっては省略されたり、冒頭の数行のみ表示されたりする場合がします。必ず参照してほしい内容は、なるべく最初の方に書いておくとよいでしょう。

パソコンのブラウザから動画のページを見ると、最初の3行以降は「もっと見る」と表示され省略されます。重要な情報ほど冒頭に記載しておきましょう。

説明文にはこんな内容を記載しよう

説明文に入れるキーワードは**ハッシュタグ**にしておくことで、そのハッシュタグを検索した視聴者の目に触れる機会を増やせます。なお、ハッシュタグは1つの動画に15個までしか付けられません。また、動画に関係ないハッシュタグを追加したり、ハッシュタグが多すぎる場合、不正と判断され動画が削除される可能性があるので注意しましょう。

説明文の中に**URL**を記載すると、**外部のWebサイトなどへのリンク**として機能させることができます。「動画を視聴して終わり」ではなく、商品の購入など具体的な行動につなげたい場合は、説明文にURLを記載した上で、動画の中でも「説明文内にリンクが存在する」ことを告知しましょう。URLは、「**https://～**」の書式で記載します。実際に公開したら必ずリンクをクリックして、正しいページにジャンプするか確認しておきましょう。

▶ 動画説明文の記入ポイント

・動画に関連する内容を自然な文で記載する
・ハッシュタグを活用する
・外部サイトへのリンクを設置可能

単語の前に「#」を付けることで、Twitterなどと同じ「ハッシュタグ」として機能させることができます。「#」以降、スペースを挿入するまでが1つのハッシュタグとして認識されます。

URLも、ハッシュタグ同様最後にスペースを入れることで、後に続く文章と区切ることができます。

説明文にチャプターを入れよう

#Win #Mac #iPhone #Android

YouTubeの説明文には、クリックするだけで動画内の各時間にジャンプできる「チャプター」を簡単に入れることができます。視聴者を離脱させないためのテクニックとして、ぜひ活用してください。

長い動画には必須の「チャプター」

　DVDやBlu-rayなどのメディアでは、各場面の開始位置などを一覧に表示し、任意の場所にジャンプできる**チャプター**という機能が用意されています。YouTubeにも同様の機能が用意されており、動画の説明文中に記載して使用します。数十分にわたる長い動画の場合、**目当ての箇所になかなかたどり着けない**と視聴者の離脱にもつながるので、確実に視聴してもらうためにもぜひ設置することをおすすめします。

　チャプターを入れると、動画のシークバーが設定したチャプターの時間に合わせて分割されます。また、マウスポインタをシークバーに合わせると、それぞれの**チャプタータイトル**が表示されます。再生時間の隣にも現在のチャプタータイトルが表示され、タイトルをクリック（またはタップ）すると、チャプターの一覧が表示されます。

> **HINT**
> 動画編集ソフトには、時間位置に目印を付けられる「マーカー機能」が搭載されているものもあります。この機能を使って記録をしておくと、後でわざわざ時間位置を確認する手間が省け、チャプター設定の時短になります。

チャプターが設定されている動画は、シークバーにマウスポインタを合わせると、チャプターのタイトルが表示されます。再生時間の隣に表示されているチャプタータイトルをクリックすると、チャプター一覧が表示されます。

チャプターの記載方法

「分:秒」という書式で半角数字を記載すると、動画の該当する時間位置へジャンプする**タイムスタンプ**になります。このタイムスタンプ機能を使って「分:秒　チャプタータイトル1」「分:秒　チャプタータイトル2」……と改行しながらリスト状に並べると、チャプターが有効になります。

　なお、チャプターとして機能するには、ほかにも条件があります。まずは、リストの最初のタイムスタンプは必ず**「00:00」**にする必要があります。また、タイムスタンプは**3つ以上**用意し、必ず**昇順**（時間の早い順）に並べましょう。さらに、1つのチャプターが**10秒以上**になるように、タイムスタンプの時間間隔を空けてください。

▶ チャプターの条件

- リストの最初のタイムスタンプは、「00:00」で始まるようにする
- タイムスタンプは3つ以上用意し、昇順で並べる
- 1つのチャプターが10秒以上になるようタイムスタンプの間隔を空ける

「説明」欄にリスト状にチャプターを追記します。1行を「タイムスタンプ＋空白（半角または全角）＋チャプタータイトル」の順で記載し、改行してリスト状にチャプターを掲載していきます。分が1桁の場合は十の位を略しても構いませんが、秒は略さず「01」のように記載してください。

動画を投稿すると、チャプターができています。時間をクリックすると、その場所から再生がスタートします。なお、タイムスタンプはコメント欄でも有効です。返信などで「それについては05:57をご覧ください」のような案内としても利用できます。

「カード」を設定して
次への行動を後押し！

#Win #Mac #iPhone #Android

「カード」機能を使うと、説明内のURLよりもダイレクトに、ほかの動画やチャンネル、Webサイトへのアクセスを促すことができます。カードの追加方法を詳しく解説します。

視聴者への積極的な訴求が可能！

　動画を視聴している視聴者に、関連するほかの動画やWebサイトを閲覧してもらいたい場合、P.46のように説明欄にリンクを置くという方法があります。ただ、ほかの説明文にまぎれて見つけにくいなどの理由で、誘導がうまくいかないこともあるようです。そこで、リンクの視認性をより高め、積極的な誘導を実現するために**カード**を活用することをおすすめします。再生中の動画上にクリック可能なリンクを出現させることができる機能で、説明欄よりも高い確率で視聴者のアクセスが期待できます。

　カードは、動画の展開に合わせて好きな位置に配置できるのもメリット。動画内の最も関心が集まりそうなタイミングで適切な訴求ができるというわけです。ただし、ほかの動画やWebサイトのリンク（サムネイル）をクリックした時点で当然**その動画の視聴は中断**してしまいます。関連動画への誘導は**終了画面**（P.206参照）と使い分ければ、収益化のポイントになる**総再生時間の積算**（P.53参照）も阻害することなく誘導できます。

カードの出現を設定した時間になると、動画右上にテキストが表示され、テキストをクリックするとリンク先のサムネイルが表示されます。サムネイルをクリックすることで、外部のWebサイトや関連動画へ移行します。

動画内にカードを追加する

　カードには「動画」「再生リスト」「チャンネル」「リンク」が設定できます。まず
はカードを表示したい時間位置を設定し、表示したいカードの種類を設定します。
URLや動画を選択したら、**カードのタイトル**、**ティーザーテキスト**（リンクがある
ことを示す短いテキスト）、**カスタムメッセージ**（カードが展開されたときに表示
される説明文）をそれぞれ入力しましょう。

「動画の詳細」画面を
表示する

❶「カード」をクリック

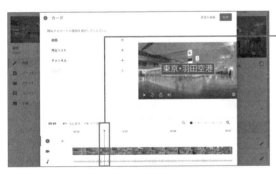

❷タイムライン上で、カー
ドを表示させたい位置に
バーを移動

ここでは関連動画への
リンクを追加する

❸「動画」をクリック

PART 7

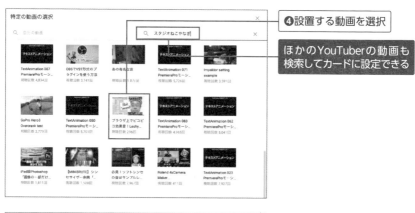

❹設置する動画を選択

ほかのYouTuberの動画も
検索してカードに設定できる

❺カスタムメッセージを
入力

❻ティーザーテキストを
入力

❼「保存」をクリック

カードが設定される

ティーザーテキストをクリックすると、サムネイルとカスタムメッセージが表示されます。

ほかのWebサイトのリンクを設置する

　カード設定で**リンク**を選ぶと、URLの入力欄が表示されます。YouTube以外のWebサイトにリンクさせる場合は、あらかじめ「**Google Search Console**」(https://search.google.com/search-console/) 上で、そのWebサイトを動画の関連サイトとして登録しておく必要があります。登録は、Googleが発行する認証用のHTMLファイルをダウンロードして、登録したいWebサイトと同じサーバ上にアップロードしたり、指定されたHTMLタグを埋め込んだりするという作業が必要です。そのため、自分が管理しているWebサイトである必要があります。

Google Search Consoleにログインし、ドメイン（Webサイト全体のアドレス）またはURLプレフィックス（Webサイト全体またはWebサイト内の特定のアドレス）を登録しましょう。次にHTMLファイルをダウンロードしてFTPソフトなどでWebサイトのトップページと同じ階層にアップロードしたり、HTMLタグをコピーしてWebサイトのトップページに貼り付けるなどして、自分の管理するWebサイトであることを確認します。

PART 7

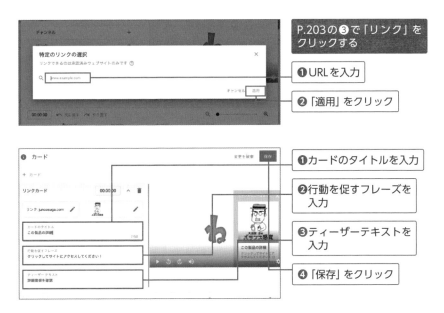

P.203の❸で「リンク」をクリックする

❶URLを入力

❷「適用」をクリック

❶カードのタイトルを入力

❷行動を促すフレーズを入力

❸ティーザーテキストを入力

❹「保存」をクリック

SCENE 05 終了画面の活用で 「お得意様」をゲット！

動画の最後には「終了画面」を追加しましょう。終了画面では、視聴者に対してチャンネル登録やほかの動画の視聴などにつなげる働きかけができます。

最後まで見てくれる視聴者を囲い込む

いくら動画の「再生」ボタンがクリックされても、最後まで視聴をやめずに見続けてくれる人はかなり少ないものです。最後まで視聴してくれる視聴者は、チャンネルの内容を気に入ってコンスタントに視聴してくれる、**ロイヤルカスタマー**（お得意様）になる可能性が高いといえます。このような視聴者にチャンネル登録や、ほかにも気に入ってもらえそうな動画を積極的にすすめる施策をとれば、チャンネル登録数や再生数の増加につながる大きなチャンスになります。

こうした施策に活用したいのが**終了画面**です。動画終端の15秒間には、関連動画へのリンクや、チャンネル登録のボタンを設置できるようになっています。YouTubeのデフォルトの機能はリンクの設置だけですが、動画の最後の15秒を終了画面のリンクに合わせた内容にしておくことで、より強くチャンネルをアピールできます。終了画面はあまり手間もかけずに設置できるので、動画の最後にぜひ入れてください。なお、全長が25秒以下の動画には追加できません。

動画の最後に終了画面向けの動画を入れ、設定で要素を追加しました。終了画面動画は一度作っておけば、毎回同じ内容を使い回せます。

終了画面の設定方法

　終了画面を設定する方法は2種類あります。**動画投稿時**の場合は、途中で表示される「動画の要素」から追加します。**既存の動画に追加する**場合は、「動画の詳細」画面の右下にある「終了画面」をクリックして、終了画面の追加に移動します。

ここでは動画投稿時に終了画面を追加する

❶「動画の要素」画面で「終了画面の追加」の「追加」をクリック

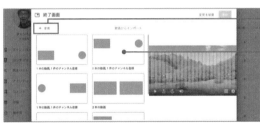

❷「＋要素」をクリック

レイアウトから選んでもよい

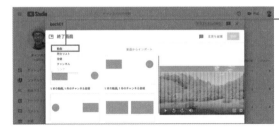

❸追加したい要素を選択

ここでは動画を追加する

❹設置したい要素を選択

❺任意の場所に設置

❻「保存」をクリック

終了画面に要素が追加された

PART 7

終了画面に設定できる要素

　終了画面には、**動画要素、再生リスト、チャンネル登録**といった要素を最大4つまで設置できます。動画要素は、「最新のアップロード」「視聴者に適したコンテンツ」「特定の動画選択」といった選択肢から選べます。

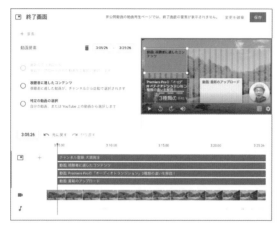

「＋要素」から追加したい要素を選択して、動画上の好きな場所に配置しましょう。

追加できる要素の詳細

要素		内容
動画要素	最新のアップロード	自分のチャンネルで、一番新しくアップロードされた動画が自動的に設定されます。
	視聴者に適したコンテンツ	自分のチャンネルの動画の中から、視聴者が視聴している動画の傾向に合わせて、一番関心が高いと推察される動画へのリンクが表示されます。
	特定の動画の選択	ほかのチャンネルも含めた、任意のYouTube動画へのリンクを表示します。
再生リスト		ほかのチャンネルも含めた、任意の再生リストへのリンクを表示します。
チャンネル登録		クリックすることで、チャンネル登録が実行されるボタンです。

終了画面用の動画を作ろう

終了画面用の動画を作っておき、編集で毎回その動画を合成すると、そのチャンネルの色が強く出るので印象的です。各要素を入れるであろう場所を空けて、「チャンネル登録をお願いします！」などの文章を配置します。

▶ 終了画面用の動画を作るポイント

- 全体…上下の端から 140 ピクセルは要素を配置できないため、テキストなどの配置に充てる
- チャンネル登録用のスペース…300×300 ピクセルの円形ボタンが入るスペースを空けておく
- 動画要素…最小サイズ 618×348、最大サイズ 862×486 ピクセルのいずれかを想定してスペースを空けておく

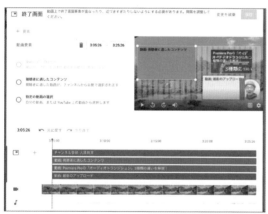

終了画面の動画を作る際は各パーツのサイズと、レイアウト可能な範囲を認識しておくとデザインしやすいでしょう。動画要素は配置時にマウスで大きさを調整できますが、常に一定サイズに揃えることは難しいため、終了画面では最大サイズまたは最小サイズに合わせてスペースを空けておき、設置する際も常にいずれかの大きさで設置しましょう。

クリックの位置などを示す場合は枠線などを作らない方が、若干のズレなどが出ても気にならず配置しやすくなります。

PART 7

SCENE
06 公開のタイプを使い分けて
盛り上げる！

#Win #Mac #iPhone #Android

動画の公開範囲や公開タイミングはコントロールすることができます。
特定の相手にのみ動画を公開したり、ライブイベントのような盛り上
がりを演出しつつ公開したりなど、用途に応じて使い分けましょう。

公開の範囲やタイミングを自由に設定する

　YouTubeの動画は、誰でも視聴できて検索にもヒットする通常の**公開**のほか、
さまざまな公開方法があります。

　限定公開はURLを知っている人だけが視聴できる公開方法です。限定されたメ
ンバーだけに動画を見せる場合のほか、複数の関係者のチェックが必要な場合に
いったん限定公開にしておき、チェックが終わってから通常の公開に移行するよう
な使われ方もします。**メンバー限定**は、「チャンネルメンバーシップ」（下部HINT
参照）に登録済みのメンバーのみに動画を公開します。**非公開**は自分だけが視聴で
きる状態です。

公開状態は公開後も変更できます
が、YouTube上の閲覧だけでな
く、シェアされたSNSや動画が埋
め込まれたWebページにも反映
されます。いったん公開した後の
変更は、それらの影響も考慮しま
しょう。

> **HINT**
>
> 「チャンネルメンバーシップ」とは、視聴者が月額料金を支払い、特定のチャンネル
> のメンバー（スポンサー）になる機能のことです。メンバーに対して限定動画や限定
> チャットなどの特典を提供できますが、チャンネルメンバーシップ機能を有効にする
> には、チャンネル登録者数が1,000人以上であること、YouTubeパートナープログ
> ラムに参加していることなどの条件があります。

公開時間を設定して効果的にアプローチ

　動画の投稿時に**スケジュールを設定**すれば、指定した時間に動画を自動投稿できます。狙ったタイミングに確実に投稿できるので、自分の都合に左右されずにより視聴者の多いであろう時間帯に動画をぶつけて、再生数アップを期待できます。

　スケジュールの設定に関連して覚えておきたい機能が、**プレミア公開**です。プレミア公開は、動画の公開日時をあらかじめ指定しておき、その時間が来たらYouTuberと視聴者で一緒に動画を楽しむことができる機能です。動画をプレミア公開に設定すると、チャンネルでは「プレミア公開」と記載された予告が表示され、動画公開30分前にチャンネル登録者に通知が送られます。さらに公開時間になるとカウントダウンが始まったり、プレミア公開前と公開中にリアルタイムでチャットができたりなど、**ライブ配信イベント**のような体裁で視聴者の盛り上がりが期待できます。ある程度チャンネルの登録者が増えてきたら、ぜひプレミア公開を利用しましょう。なお、全員が**リアルタイムで同じ動画を見る**ことになるため、公開時間から動画の再生時間が終了するまで早送りなどはできません。また、プレミア公開終了後は通常の動画として公開されます。

動画の投稿時、公開設定で「スケジュールを設定」にし、日時を入力します。用事があって投稿が難しい場合でも、自動で確実に公開できます。

公開設定で「プレミア公開」にチェックを入れると、チャンネルに予告のリンクが表示されます。再生前のカウントダウン、公開前と公開中のチャット機能など、ライブ配信に近い形の盛り上がりを伴って公開できます。

動画に字幕を表示しよう

#Win #Mac #iPhone #Android

文字で動画内の会話などを表示することで、理解の手助けをする「字幕」。YouTubeではトークが自動的に文字起こしされるので、それを整形するだけで簡単に字幕を表示することができます。

字幕で視聴者の幅を広げよう！

YouTubeには、**字幕表示をオン・オフできる機能**が存在します。字幕があれば、耳の不自由な方や、音を出せない状況の方にも視聴してもらえる機会が拡大します。しかも、わざわざゼロから書き起こさなくても、音声認識で会話内容が**自動で書き起こされ、動画に追加される**ので、手間もありません。ただし、音声認識による自動書き起こしは誤っている可能性もあります。時間があるなら、**不完全な部分を手動で直す**のもおすすめです。

自動書き起こしはチャンネルが設定しているデフォルトの言語で行われますが、それ以外の言語の字幕は自動では追加されません。複数の言語の字幕を付けたい場合、自分または第三者が翻訳したものを手動で追加する必要があります。

動画を投稿してしばらくすると、音声認識により字幕が自動作成されます。視聴者は「字幕」ボタンのオン／オフで表示を切り替えることができます。

> **HINT**
>
> 字幕はテキストファイルとしてダウンロード可能です。例えば対談や座談会の動画をブログ記事にするとき、テキストファイルから文章をコピーすれば、手間を削減できます。

自動作成された字幕を修正する

YouTubeの**字幕生成機能**はAIによる音声認識のため、内容が不完全な可能性もあります。字幕にエラーが見つかったときは修正しましょう。YouTube Studioを開き、左のメニューから「動画」をクリックして、動画一覧を表示します。修正する動画の鉛筆アイコンをクリックしたら編集ページが表示されるので、左のメニューの「字幕」をクリックし、編集を開始しましょう。

YouTube Studioで修正する
動画の編集ページを表示する

❶「字幕」をクリック

❷「複製して編集」を
クリック

時間位置ごとにテキストが
作成されている

❸内容を確認・編集

❹「公開」をクリック

▶ ほかの言語の字幕を追加する

❶で「言語を追加」をクリックすると、任意の言語向けに翻訳した字幕を追加できます。テキストは別途用意する必要があります。

動画の一部を
ぼかしたいときは？

#Win #Mac #iPhone #Android

公開した動画の中に、他人の顔や自動車のナンバープレートが映り込んでしまっている……。そんなときは、YouTube Studioのぼかし機能を使って、部分的にぼかしを入れることが可能です。

動画エディタで公開後の動画を修正する

YouTubeにアップロードした動画を後で差し替えることはできません。動画に公開を持続できないような誤りがあった場合は、修正後の動画を**新たな動画**として再度アップロードするしかありません。ただし、**画面の一部をぼかす**ことで回避できるくらいの内容であれば、わざわざ再アップロードする必要はありません。YouTube Studio内の**動画エディタ**を使ってぼかしを適用することで、再生数やURLをリセットせずに対処できます。

YouTube Studioのぼかし機能を使うと、人の顔を自動検出してぼかしをかけられます。もちろん、範囲や時間を指定してぼかしをかけることも可能です。ただし数十秒程度の短い動画でもかなりの時間を要し、取りこぼしも多いことから、手動での範囲指定も必要になります。作業時間を考えると、動画編集ソフトで行った方がスピードや精度共に高いです。過度な期待はしないで、差し替えできない動画での**万が一のための機能**と認識した方がよいでしょう。

人物にぼかしを適用する

YouTube Studioの機能で**ぼかし**を追加するには、YouTube Studioを開き、左のメニューから「動画」をクリックして、動画一覧を表示します。修正する動画の鉛筆アイコンをクリックしたら編集ページが表示されるので、続けて左のメニューの「エディタ」をクリックし、編集を開始しましょう。

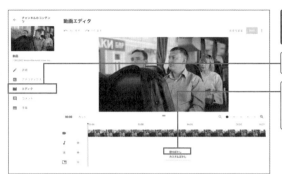

YouTube Studioで修正する
動画の編集ページを表示する

❶「エディタ」をクリック

❷「動画の一部をぼかす」
　→「顔のぼかし」をク
　リック

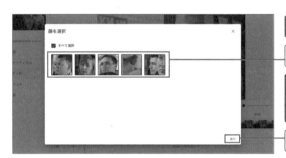

人物の顔が自動検出される

❸ぼかす画像を選択

検出された範囲が問題な
ければ「すべて選択」をク
リック

❹「適用」をクリック

ぼかしが適用されました。「保存」
を押すと適用されますが、後から
取り消せないので、慎重に作業を
行いましょう。

▶ ぼかす範囲や時間を設定する

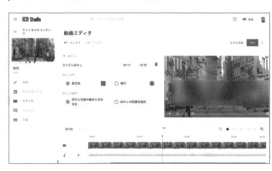

❷で「カスタムぼかし」を選択す
ると、画面上の選択した範囲全体
にぼかしを入れることができま
す。タイムライン上でぼかす時間
も設定しましょう。

SCENE 09 再生リストを最大限に 生かすコツとは？

#Win #Mac #iPhone #Android

複数の動画をまとめてリスト化できる「再生リスト」。作るのが簡単な上、視聴者への大きなアピール材料にもなります。再生リストをうまく使いこなし、一つ一つの動画の視聴機会をさらに増やしていきましょう。

再生リストは「新たなパッケージング」と捉えよう

例えばテキストの場合、**1本の記事**はそれ自体が独立したコンテンツですが、記事を集めてパッケージングした**「Webマガジン」**や**「雑誌・単行本」**はまた別のコンテンツとなり、販売する機会が増加します。YouTubeの動画も、それぞれの動画を**再生リスト**としてパッケージングすることで、個々に独立した形では出会えなかった視聴者との接触チャンスを増やすことができます。

再生リストの魅力は、動画を制作するのに比べて**手間がかからない**こと。既存の動画を、構成を考えながら組み合わせるだけです。また、1つの動画をいくつもの再生リストに入れたり、ほかのチャンネルの動画も織り交ぜた形で作ることもできます。個々の動画では視聴者に意図が伝わりにくかった動画も、大きなテーマで再生リストに入れることで伝わりやすくなり、再生されるチャンスも増加します。動画がある程度の本数になったら、**資産運用**的な感覚で再生リストのメンテナンスを積極的に行いましょう。

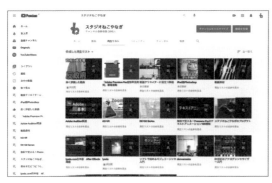

再生リストはテーマ別に動画をまとめる以外の活用方法もあります。例えばハウツー動画で全体の工程を1本の長い動画にすると、必要な工程が探しづらかったり、最後まで再生してもらえない可能性があります。工程ごとに細かく動画を分け、再生リストで連続再生することで、全体を通して視聴できるほか、各工程だけ選んで視聴することも可能になります。

再生リストに動画を追加する

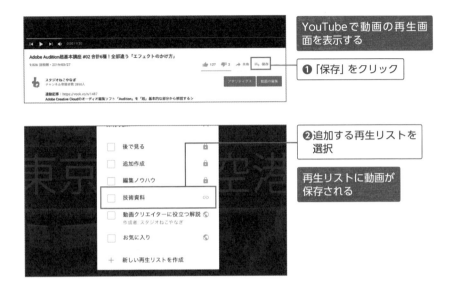

YouTubeで動画の再生画面を表示する

❶「保存」をクリック

❷追加する再生リストを選択

再生リストに動画が保存される

PART 7

▶ 新しい再生リストに保存する

❷で「新しい再生リストを作成」をクリックすると、新しい再生リストを作成できます。再生リスト名と公開・非公開を設定し、「作成」をクリックします。

HINT

動画の順番を入れ替えるには、YouTubeの「ライブラリ」を表示し、再生リストの中から編集したい再生リストをクリックして「＝」を上下にドラッグします。動画の右側にある「：」→「再生リストのサムネイルとして設定」より、再生リストのサムネイルが設定できます。

SCENE
10

チャンネルを整備して
視聴者に印象付ける

#Win #Mac #iPhone #Android

ブランディングのために、PART 2で設定したチャンネルを整備しましょう。バナーやプロフィール、注目動画などさまざまな要素や画像をレイアウトすることで、視聴者によりチャンネルを印象付けられます。

チャンネルの画像はサムネイルの一種

　P.42〜でも説明しているように、チャンネル内はさまざまな箇所に画像を設定できます。これらは動画のサムネイルと同じく、**直感的に印象付けて認知してもらう**ために設定します。チャンネルのページを開いた際に上部に表示される**バナー**は、サイズも大きいためデザインのしがいがあります。ただ、最も気を使うべきなのは**プロフィールアイコン**です。このアイコンは「おすすめ動画」などに表示されるときも目に付く要素なので、たとえチャンネル名を覚えられていなくとも「あ、このアイコンの動画だ！」と視覚的に認知してもらいやすいものにしましょう。そのため、あまり頻繁に変更しない方がよいでしょう。

各画像のカスタマイズのポイント

▶ バナー

チャンネルの最上部に表示され、チャンネル全体のコンセプトやコンテンツの方向性を伝える「看板」的な役割を果たす画像です。会社のロゴ、チャンネルで紹介したいテーマと結び付きやすい画像、デザインの設計に沿った画像などにすると、チャンネル全体の統一感がいっそう得られます。

▶ プロフィールアイコン

チャンネル名の横などに表示される、チャンネルの「アイコン」となる画像です。チャンネル未登録者も目に触れる機会が多い画像です。小さな表示でもチャンネルを認識してもらえるように、単一のマークなどシンプルなものが有効です。

▶ 動画の透かし

動画再生中に常時右下に表示される画像。自身の写真を置いてチャンネルを宣伝したり、「チャンネル登録」という文字を入れて登録をアピールすると伝わりやすいでしょう。

バナー画像を自作する場合の注意点

バナー画像を作る場合、推奨サイズの**2048×1152ピクセル**に合わせて作りましょう。また、どの端末でも確実に表示される領域は**1235×338ピクセル**内です。タイトルやロゴなど、確実に表示させたい要素はその領域内に収めるようにしましょう。

推奨サイズはフルHDに近いので、お気に入りの動画から切り出したコマを画像編集ソフトで少し拡大したりトリミングしたりしても使えます。

PART 7

219

▶ 視聴環境ごとのバナー表示

パソコンでの見え方は、ブラウザの幅に左右されます。幅が狭くなるごとに両脇が隠れるので、両脇に余裕を持たせたデザインにするのがコツです。

スマホの場合は、両脇が大きくカットされます。ロゴなど、見せたいものを中央に近い位置に配置しましょう。

動画スポットライトと注目セクションを設定する

　動画スポットライトとしてチャンネルの上部で自動再生される動画は、チャンネル登録者・未登録者によって変更できます。未登録者には**チャンネルの概要紹介**となるような動画を登録し、登録済みの視聴者向けには多少の**内輪ネタ**要素を盛り込んだ動画を設定しておくと、より熱心なファンを獲得できるでしょう。

　また、動画スポットライトの下には**注目セクション**として任意の再生リストやサブチャンネルを表示できます。好みの順番に並べることもできるので、より注目してほしいセクションを上に設定しましょう。いずれも、設定方法はP.41を参照してください。

できれば未登録者のためにチャンネル全体の紹介動画を作っておき、スポットライトに設定することをおすすめします。

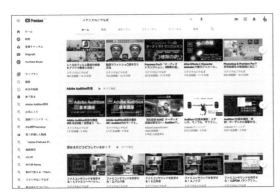

注目セクションの表示例です。ここに並ぶサムネイルで印象が大きく変わるので、チャンネルのメインターゲット層に響きそうな動画を選ぶのがポイントです。

おすすめのチャンネルを宣伝する

　チャンネル内には「**チャンネル**」画面があります。ここには、自分がチャンネル登録しているほかのチャンネルが一覧で表示されます。自分のサブチャンネルや、おすすめのチャンネルを宣伝しましょう。この機能はデフォルトでは非表示になっていますが、設定で「すべての登録チャンネルを非公開にする」をオフにすると、表示することができます。

YouTube を表示する

❶「設定」→「プライバシー」をクリック

❷「すべての登録チャンネルを非公開にする」をクリックしてオフにする

「チャンネル」タブをクリックすると、自分の登録しているチャンネルが一覧表示されます。

PART 7

コメントには適切に
対処しよう

#Win #Mac #iPhone #Android

コミュニケーションの場として重要な位置を占める「コメント欄」。反応をもらえるのは嬉しいことですが、中には問題のあるコメントも……。ここでは、適切な処理について解説します。

コメント欄を「安心感のある場」に整備

　動画およびチャンネルの視聴者が増えると、**ポジティブ、ネガティブ**両方のコメントが増えてきます。ファンからの応援や好評価の書き込みは、モチベーションの向上になるのはもちろん、ほかの視聴者に対してもよい印象をもたらすので、大歓迎です。一方、悪意やいたずらによる不穏当な書き込みは、チャンネルの雰囲気ごと悪くしてしまいかねません。目に余るコメントについては、適宜**削除する**などの対処を取りましょう。

　コメントは投稿後即座に表示されますが、設定変更により**管理者の承認後に表示する**ようにしたり、投稿自体ができないようにすることもできます。個々の承認は手間がかかるので、企業発の動画などは最初から**コメントを完全にオフ**にしている場合もあります。ただ、これはこれでコミュニケーションの場が完全に閉ざされてしまい、理想的ではありません。特にチャンネル登録の増加を望むなら、コメントを受け付け、正当な指摘ではない明らかな罵詈雑言を浴びせるようなコメントだけ個別に削除するという方法をとる方がよいでしょう。

YouTube Studioで「コメント」をクリックすると、一覧が表示されます。削除したいコメントの「：」→「削除」をクリックして削除します。

コメントの設定を変更する

YouTube Studioの「コンテンツ」から設定の変更が行えます。初期状態では**「コメントをすべて許可する」**に設定されています。

YouTube Studioを表示する

❶「コンテンツ」をクリック

❷設定を変更したい動画を選択

❸「編集」をクリック

❹「コメント」をクリック

❺設定したい項目をクリック

初期状態では「コメントをすべて許可する」に設定されている

▶ コメントの設定を変更した場合の見え方

「コメントを無効にする」に設定すると、「コメントはオフになっています」と表示され、視聴者はコメントできません。

「すべてのコメントを保留して確認する」に設定しても、コメントした視聴者だけは承認前でも自分の書き込みが見えるので、特に不自然さを感じさせることはないでしょう。

保留中のコメントに対応しよう

　YouTube Studioで「コメント」をクリックし、「確認のために保留中」をクリックすると、まだ承認していない保留中のコメントが表示されます。保留中のコメントに対しては、**承認**のほかに**削除**、**報告**なども可能です。あまりに悪質なコメントは報告を行いましょう。YouTube側に問題のあるコメントとして報告され、コメントが削除されます。その後はYouTubeの運営にて内容を確認し、コメント投稿者への警告、アカウントの停止などの対処が行われる場合があります。

▶ 各アイコンの内容

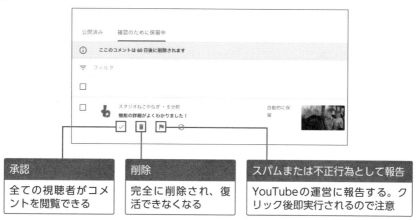

承認	削除	スパムまたは不正行為として報告
全ての視聴者がコメントを閲覧できる	完全に削除され、復活できなくなる	YouTubeの運営に報告する。クリック後即実行されるので注意

特定の視聴者を出入り禁止状態にする

特定の視聴者がいやがらせなどを目的に、さまざまな動画に悪意あるコメントを残すこともあります。その場合、**出入り禁止**状態にして、動画にコメントできないようにしましょう。

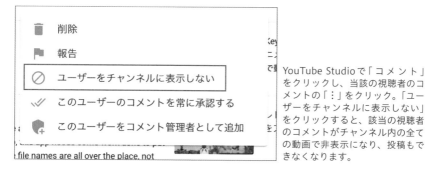

YouTube Studioで「コメント」をクリックし、当該の視聴者のコメントの「：」をクリック。「ユーザーをチャンネルに表示しない」をクリックすると、該当の視聴者のコメントがチャンネル内の全ての動画で非表示になり、投稿もできなくなります。

HINT

「報告」は、視聴者でも行うことができます。視聴者が報告したコメントは、「確認のために保留中」に表示され、「スパムの可能性あり」というラベルが付けられます。

さまざまなメディアで
動画を共有しよう

#Win #Mac #iPhone #Android

投稿した動画は、ブログや各種SNSなどで簡単に共有することができます。より多くの視聴者を得るために、各種メディアに動画を共有する方法を解説します。

活動の拠点を考え、適切な距離感で使おう

YouTubeの動画は**ほかのWebサイトやSNSなどで共有**できます。YouTubeだけにアップするよりも幅広くアピールできますし、動画との相乗効果でSNSやWebサイトの内容を分かりやすくするという使い方もできます。ただし意識したいのは、**どのメディアを「主」と考えるか**です。例えばブログの記事と動画を連動させるとき、動画内容が「記事を読んだことが前提」だと、**YouTubeで直接発見して再生した人には内容が分からない**ということになりかねません。リンクを置いても、動画目当ての視聴者はテキスト主体のサイトを訪問してくれない場合も多いです。YouTubeを主な活動拠点にしたいなら、動画を説明の補助として使うのではなく、YouTubeの動画だけで説明が完結するようにすべきです。

また、FacebookやTwitterでは、直接投稿された動画が自動再生されるようになっていますが、競合サービスであるYouTubeから共有された動画は自動再生されず、**サムネイルしか表示されません**。そのため、SNSのフォロワー数や評価が動画再生に直結しない場合も多いです。SNSと連携したファン獲得も大切ですが、手間と効果のバランスを意識しましょう。

> **HINT**
> YouTube動画の共有は、動画再生画面のURLをブラウザのアドレスバーからコピーする形でも行えます。ただし検索サイトなどから該当のページを表示した場合、URLに余分な情報（文字列）が付与される場合があります。次ページで解説する共有方法の方が、余分な情報のない状態で共有できるのでおすすめです。

Webサイトやブログに動画を埋め込む

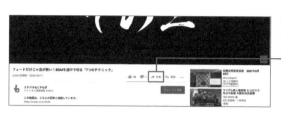

動画の再生ページを表示する

❶「共有」をクリック

❷「埋め込む」をクリック

HTMLのコードが
表示される

❸「コピー」をクリック

Webサイトのページや
ブログに貼り付ける

▶ 再生開始時間を設定する

❷の画面で「開始位置」にチェックを入れ、時間を入れると、そこから再生されるリンクが作成されます。なお「プライバシー強化モードを有効にする」にチェックを入れると、再生終了時にほかの動画へのリンクが表示されなくなります。

外部のSNSと共有する

前ページの②と同じ画面を
表示する

❶「Facebook」をクリック

「Twitter」よりTwitterに
投稿できる

動画の開始位置を
設定できる

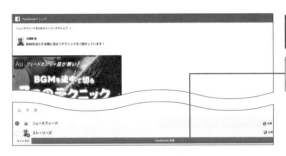

Facebookの共有画面が
表示される

❷「Facebookに投稿」を
クリック

Facebookをパソコンのブラウザ
で閲覧した場合、サムネイルが大
きく表示され、下部にタイトルと
コメントの一部が表示されます。
クリックでYouTubeの再生ペー
ジが開きます。

HINT

スマホのFacebookアプリでは、WebブラウザからYouTubeを視聴することになり
ます。YouTubeアプリでの再生が必要なVR動画などは正常に表示されないので、あ
らかじめSNSに記載しておきましょう。

SNSの動画投稿機能を利用する

FacebookやTwitterなどのSNSには標準の動画投稿機能があります。この機能を使って動画を投稿すると、**動画の表示と同時に自動再生される**ので、視聴者の注目をいっそう集めやすくなります。これを利用し、動画の冒頭部分やダイジェストをSNSの標準機能で投稿しましょう。投稿のコメント（返信）欄にYouTubeにアップしたフルバージョンの動画のURLを記載しておけば、興味を持った視聴者がアクセスしてくれる可能性がアップします。

それぞれのアプリで自動再生用の動画をアップロードする際、コメントにYouTubeのアドレスも載せましょう。ここではFacebookですが、TwitterやInstagramでも同様の手順で設定できます。

なお上記の方法ではリンク自体のサムネイルが表示されません。コメント（返信）欄にもYouTubeリンクを入れることで、サムネイルが表示され、より目立たせることが可能です。

動画の削除は慎重に！

#Win #Mac #iPhone #Android

YouTube動画にとって「削除」は一切復元できなくなる最終手段なので、慎重に行う必要があります。目的によっては別の手段を使い、なるべく削除操作を避けるように心がけてください。

YouTubeは「全てが本番」と認識しよう

例えばパソコンやスマホであれば、データを削除した後もゴミ箱などに一定期間データが残っているため、そこから復活させられます。しかし、YouTubeで動画を削除すると、「やっぱり戻したい」と思っても、**復元することが一切できません**。YouTube Studioでは自分の動画ファイルをダウンロードすることもできるのですが、元データは**720ピクセル**（1280 × 720）または**360ピクセル**（640 × 360）のMP4ファイルとして非可逆圧縮されるため、元の解像度のままでダウンロードできません。

こうした仕様である理由は、YouTubeはあくまで**一般に公開する**ことを前提としたサービスだからです。むやみな削除や、非公開動画のストック場所としての利用は推奨されていないということです。将来的な規約の変更やYouTubeの内部的な処理などで、動画の公開を伴わない過剰な操作はアカウントのペナルティにつながる可能性もあります。特に収益化を目指す場合は、YouTubeへのアップロードは**いつでも本番**と考え、システムの負荷を増やしそうな利用法はなるべく避けましょう。

動画を削除する

動画を削除すると、動画そのものだけでなく、説明文やコメント、URLなど含めて**そのページが全て削除**されてしまいます。視聴できない状態にする場合でも、再公開の可能性があるなら**公開状態の変更**（P.38参照）で対処すべきです。

> **HINT**
> 解像度、フレームレート共に「p」を付けた略称で呼ばれる場合があります。「1080p」なら1920 × 1080（縦のピクセル数が使われます）の解像度です。「60p」は、秒間60コマのフレームレートです。

動画を削除するには、YouTube Studioの「コンテンツ」をクリックし、削除したい動画の「⋮」をクリックして、メニュー内から「完全に削除」をクリック。最後の確認画面でチェックボックスにチェックを入れ、「完全に削除」をクリックします。

動画の元ファイルの扱い方

　動画のダウンロードは、WebブラウザのYouTube Studioで可能です。削除時と同様「コンテンツ」のメニューで「**ダウンロード**」をクリックしましょう。ただし元ファイルより解像度が下がったり、圧縮により画質も低下するので、投稿時に使用した元の動画ファイルは必ずバックアップしておきましょう。

　非公開の動画ファイルを過剰にアップしていると、将来的にアカウントへの悪影響となる可能性もあります。事前に内容や見え方を確認したいなら、**Google ドライブ**を活用しましょう。

メニューで「ダウンロード」をクリックします。ただし元のクオリティにかかわらず720p（1280 × 720）または360p（640 × 360）のMP4ファイルに圧縮されてダウンロードされます。

Google ドライブはほぼYouTubeと同じインターフェースで再生できます。内容を確認したいなら、Google ドライブに保存して再生してみましょう。

「FiLMiC Pro」のおすすめポイント

P.92〜93でも紹介したスマホ用のビデオカメラアプリ **FiLMiC Pro** (https://www.filmicpro.com/) は、業務用カメラ並みに多機能です。扱いが難しそうに思われるかもしれませんが、失敗を回避するための機能が多く搭載されているともいえるので、初心者にもおすすめです。ここでは、特におすすめの4つの機能を紹介します。なお、FiLMiC Proは iPhone版が¥1,840（税込み）、Android版が¥1,640（税込み）です。

おすすめ設定その1：高レート記録

映像の記録方式を一般的なカメラアプリより高いデータレート（情報量）の「FiLMiC Extreme」に設定すると、圧縮による劣化を最小限に抑え、スマホの内蔵カメラの画質を最大限にキープした収録が行えます。

おすすめ設定その2：PCM録音

一般的なスマホ撮影では、映像に加え音声も圧縮が行われ、多少の音質劣化が生じます。音声記録の記録設定で「PCM」を選ぶと、CDなどと同じ非圧縮記録が行え、外付けマイクなどの性能を最大限に活かせます。

おすすめ設定その3：Log撮影

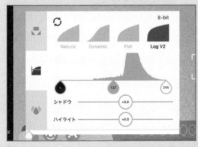

「Log撮影」は、コントラストや色の強調を抑えて記録を行い、編集時点での色調整の自由度をキープする撮影手法です。通常は一眼カメラなど高額なカメラに搭載される場合が多いですが、FiLMiC Proを使えばスマホでのLog撮影が可能となります。

おすすめ設定その4：
フォーカスピーキング

「フォーカスピーキング」は、撮影時にピントが合っている部分を解析して色で強調表示する機能で、ピントが今どこに合っているかが分かりやすくなります。FiLMiC Proでは、このほかにも露出オーバー（明るすぎて白飛びする）部分をマークする「ゼブラ表示」など、高度なリアルタイム解析機能を備えています。

PART 8

ライブ配信で
ファンとの関係を
深めよう！

YouTube ライブとは？

SCENE
01

#Win #Mac #iPhone #Android

YouTubeはあらかじめ収録・編集しておいた動画を公開するだけでなく「生放送」も手軽に配信できます。一般の動画とは違った生放送ならではのメリットを紹介します。

ライブ配信を楽しもう！

　インターネット上でリアルタイムの映像を配信することを**ライブ配信**といいます。テレビの**生放送**のようなものといえば想像しやすいでしょう。YouTube では**YouTube ライブ**という無料のライブ配信サービスが提供されており、リアルタイムの映像を世界中に配信可能です。環境を整えればテレビ放送並み、もしくはそれを超える高品質な配信を行うこともできます。

　チャンネルの人気を高めるという点においても、ライブ配信は有効な手法の一つです。いつもは一方通行で動画を受け取るだけの視聴者も、**チャット**という形で配信に参加して、場合によっては配信内容に影響を及ぼすこともできるのです。このような機能で視聴者とYouTuberの心理的な壁が取り払われ、YouTuberと視聴者の結束がいっそう高まることも期待できます。もちろん生配信ならではの難しさや注意点もありますが、チャレンジに値するメリットは十分にあります。

　なお、ライブ配信を行うには本人確認（P.17 参照）を済ませておく必要があります。本人確認後、ライブ配信が最初に有効になるまで最大24時間ほどかかることがあるので、準備しておきましょう。

ライブ配信の真価は、視聴者とリアルタイムでコミュニケーションを取ることで発揮されます。また、配信した動画はYouTubeに保存されるので、後から再配信して、ライブで見逃してしまった視聴者にも見せることができます。

ライブ配信に必要な道具を揃えよう

#Win #Mac #iPhone #Android

同じ映像と音声を配信する場合でも、動画とライブ配信とでは使用する機材が異なります。ここでは、ライブ配信で一般的に必要とされる機材をチェックしてみましょう。

映像機材と音声機材を揃えよう

　初めてライブ配信を行うなら、**なるべくシンプルな機材構成**で行うのがベターです。機材にこだわるときりがない上に、実際に配信してみないと気付かないこともあります。「完全に環境が整ってから」と考えすぎず、とにかくやってみることを優先してください。

　ライブ配信に最低限必要な機材は、**映像機材**、**音声機材**です。つまり内蔵カメラが付いているスマホ1台で始めるというのも、悪くない選択です。スマホの内蔵カメラの画質はかなり向上しているので、1人での気軽なトーク配信など、コンテンツの種類によってはスマホで十分な場合もあります。ただしスマホのYouTubeアプリから配信を行うには条件（P.246参照）を満たす必要があるので、ややハードルが高くなります。そのため、条件も不要で揃える機材も比較的シンプルな、パソコンを使った**ウェブカメラ配信**をおすすめします。

　複数のカメラやマイクを使ってバラエティに富んだ映像を配信したいなら、**エンコーダ配信**を行います。エンコーダ配信には、映像素材を切り替えるスイッチャー、音をまとめるミキサー、エンコーダ配信用のソフトウェアまたはハードウェアといった機材が必要になります。

> **HINT**
>
> スマホは屋外でのライブ配信が手軽にできるというメリットはありますが、相当にデータ量を消費するので注意しましょう。目安として、ライブ配信では1分あたり10MBのデータ量を消費します。スマホを大容量プランにする、モバイルWi-Fiルーターを利用するなどの工夫が必要です。また、配信1分あたり1%程度のバッテリーも消費します。モバイルバッテリーを用意しておくことをおすすめします。

映像用の機器を揃える

　パソコンの内蔵カメラがあればそれを利用できますが、外付けカメラを用意するならば、映像機器をUSBで接続する規格の**UVC (USB Video Class)** に対応している機種を購入し、パソコンにUSBケーブルで接続しましょう（UVC非対応の機器は、配信時にカメラを選択する場面でカメラ一覧に表示されません）。UVCに対応したカメラとして一般的なのは、ビデオ会議やペットの監視、防犯カメラなどにも使われる**Webカメラ**です。幅広い価格帯の製品が販売されており、安価な機種は数千円で手に入りますが、ライブ配信で画質を求めるなら1万円程度のものをおすすめします。

　動画制作にある程度の性能を持ったカメラを使っているなら、ライブ配信に流用できます。HDMIからの映像出力に対応しているなら、**キャプチャーボード (ボックス)** につなぐことで、Webカメラ同様、UVC対応機器として配信に利用できます。なおビデオカメラや一眼カメラの中にも、パソコンにUSBケーブルで接続できるものもあります。

LogicoolのUVC対応Webカメラ「C980」(https://www.logicool.co.jp/ja-jp/products/webcams/streamcam.960-001301.html)。価格はメーカーのWebショップで¥20,350（税込み）です。Webカメラはパソコンに接続するだけですぐに使える機種が多く、ライブ配信用の機器の中では最も手軽に利用できます。

HDMI機器をUSBに変換できるAverMediaのキャプチャーボード「BU110」(https://www.avermedia.co.jp/product-detail/BU110)。価格はAmazonで¥14,810（税込み）です。UVCに対応しない一眼カメラなどをUVC機器としてパソコンに接続できるので、高画質なライブ配信が可能となります。

HINT

YouTubeではゲームのプレイ画面を映像として流すゲーム配信のライブも人気です。現在は、標準でゲーム配信の機能を持ったゲーム機も増えています。「PlayStation 5」ではコントローラーの「クリエイト」ボタンを押し、「ブロードキャスト」→「YouTube」を選択して、Googleアカウントを連携させると、プレイ画面を配信できます。

音声用の機器を揃える

音声にこだわるなら、映像と同じように、オーディオ機器をUSBで接続するための規格である**UAC（USB Audio Class）**に対応した機材を導入しましょう。内蔵マイクなどと比較して、音質を大幅にアップできます。

マイク単体の販売ももちろんありますが、ヘッドホンとマイクが一体化した**ヘッドセット**も便利です。ヘッドセットにはUSBの有線タイプのほか、Bluetoothを利用したワイヤレスタイプもあります。ただしワイヤレスタイプは音のデータを1度圧縮（エンコード）してからヘッドホンに送るため、音の遅延が発生し、映像とのズレが生じやすくなります。そのため、遅延の少ないUSBの有線タイプがおすすめです。

レコーディング用の高品質なマイクを接続したい場合は**オーディオインターフェース**を使用しましょう。

UACに対応したUSB有線接続のマイク、RØDEの「NT-USB Mini」（https://ja.rode.com/microphones/usb/nt-usb-mini）。実勢価格はAmazonで¥13,032（税込み）です。パソコンに接続するだけですぐに利用でき、値段もマイクの中では比較的安価です。

USB有線接続のヘッドセット、Logicoolの「H540」（https://www.logicool.co.jp/ja-jp/products/headsets/h540-usb-computer-noise-cancelling.981-000715.html）。価格はメーカーのWebショップで¥6,380（税込み）です。耳元のボタンで音量調整やミュートが設定できます。

Solid State Logicのオーディオインターフェース「SSL 2+」（https://solid-state-logic.co.jp/ssl2/）。実勢価格はAmazonで¥35,475（税込み）です。ダイナミックマイクやコンデンサーマイクといった高品質のマイクはUSB端子ではない（例えばXLR端子など）場合も多いので、そのようなマイクをパソコンにつなぎたい場合に導入しましょう。

凝ったライブ配信を行うには？

　複数のカメラ映像やテロップなどを組み合わせると、テレビ番組のような凝った形態のライブ配信ができます。ライブ配信に慣れたら挑戦してみるのもよいでしょう。

　複数のカメラを接続し、映像を切り替えたり組み合わせたりして配信するには、**スイッチャー**という装置を利用します。複数のマイクを使うなら**ミキサー**が必要です。また、複数のカメラやマイクを使う場合は多くの場合**エンコーダ配信**となるので、**ソフトウェアエンコーダ（配信ソフト）**または**ハードウェアエンコーダ**も用意しましょう。複数の映像や音声、テロップ、画像などさまざまな要素を組み合わせながらライブ配信を行うなら、配信ソフトは必須です。

　なお、カメラ数台の切り替え程度であれば1人での操作も可能ですが、より複雑な操作を伴うなら、出演者、機材操作、配信確認の最低3人で役割分担し、タイムテーブルを共有して配信するとよいでしょう。

Blackmagic Designのスイッチャー「ATEM Mini」（https://www.blackmagicdesign.com/jp/products/atemmini）。価格はメーカーのWebショップで¥39,578（税込み）です。シンプルで使いやすいインターフェースで、簡単にスイッチング操作ができます。ミキサー・エンコーダの機能も備えており、1台でセッティングの大部分をまかなうことができます。また、YouTube ライブの直接配信も可能です。

配信ソフトの中でも有名なのが「OBS Studio」（https://obsproject.com/ja）。無料で利用できます。多数の画面を切り替えたり、テロップを出したり、エフェクトを出したりといった演出ができます。このソフトからも、YouTube ライブの直接配信が行えます。

パソコンのブラウザから
ライブ配信してみよう

#Win #Mac #iPhone #Android

比較的ライブ配信を始めやすいのが、パソコン内蔵のWebカメラと
YouTubeのWebサイトから行う「ウェブカメラ配信」です。ここでは、
ウェブカメラ配信の手順を確認してみましょう。

始めやすく柔軟性のある配信形態

YouTubeライブの**ウェブカメラ配信**は、パソコンを利用して行う配信形態です。
パソコンに内蔵されたWebカメラやマイクだけでも始められる上、手間をかけれ
ばさらに高品質なコンテンツも制作できるので、柔軟性の高い配信形態といえま
す。スマホ配信のような条件も不要ですぐに始められるのもメリットです。

なお、パソコン1台で配信する場合、パソコンに内蔵されたWebカメラのスペッ
クはさほど高くないため、解像度や画質が制限されてしまう可能性があります。ま
た、多くのパソコンの内蔵マイクはモノラルのため、音質もさほど期待できません。
音楽の演奏などを配信したいなら明らかに力不足ですが、シンプルなトーク配信な
どであればそれほど不足を感じないので、気軽な配信や練習の配信なら、パソコン
内蔵の機材で試してみてもよいでしょう。

YouTubeライブは**カスタムのサムネイル**を適用したり、**配信アドレスを視聴者
と共有**することもできます。事前にサムネイル画像を作っておく、URLを視聴者
に知らせておくなど、ある程度準備を行ってから配信に臨みましょう。

> **HINT**
>
> ライブ配信は、編集による修正が行えない一
> 発勝負です。配信の内容に集中できるよう、
> 機材のチェックはもちろん、インターネッ
> ト環境にも問題がないかチェックしておきま
> しょう。Googleで「スピードテスト」と検索
> すると、回線速度のテストが簡単に行えます。
> 配信では、データを送信する「アップロード速
> 度」が重要です。最低10Mbps程度は出ている
> 環境で配信しましょう。

239

ウェブカメラ配信を始める

　ブラウザでYouTubeを開き、ライブ配信を始めましょう。動画のタイトルやサムネイル、配信に使うカメラやマイクなどの設定を行い、ライブ配信をスタートします。カメラやマイクは正しく選択されていないと**映像や音声が配信されない**ので、必ずチェックしてください。

YouTubeを表示する

❶ここをクリック

❷「ライブ配信を開始」を
クリック

❸「ウェブカメラ」を
クリック

❹ライブ配信のタイトルを
入力

❺公開範囲（P.38参照）を
選択

❻子ども向けコンテンツ
（P.27参照）について選択

❼配信に利用するカメラと
マイクを確認

❽「次へ」をクリック

❾カメラが起動し、サムネイル用の写真が撮影される

❿「ライブ配信を開始」をクリック

❿をクリックするとすぐにライブ配信が開始される

配信の終了と保存

　ライブ配信は音声のミュートはできますが、映像の一時停止などはできません。「終了」ボタンを押すと、**すぐに配信が停止**されます。配信が終わると、自動的にここまでのライブ動画が**保存**されます。保存された動画はYouTube Studioで前後の不要部分をカットするなどの編集ができます。

❶「ライブ配信を終了」をクリック

❷「終了」をクリック

すぐに配信が停止される

終了処理が終わると、トータルの配信時間や視聴者の合計人数などが表示されます。「閉じる」をクリックすると、そのまま保存され、設定に基づき公開されます。

高品質なエンコーダ配信にチャレンジしよう

#Win #Mac #iPhone #Android

複数のカメラやマイクを使ってライブ配信がしたいなら、「エンコーダ配信」を行いましょう。バラエティに富んだ演出ができる上、YouTube側のサーバに負荷をかけないので高品質な映像を配信できます。

エンコーダ配信のメリット

エンコーダ配信とは、エンコーダと呼ばれるソフトウェアまたはハードウェアを利用し、コンテンツのデータをインターネット伝送に適した形式やビットレートに変換してからライブ配信する方法のことです。ウェブカメラ配信よりも動画の劣化や遅延の少ない、高品質な映像配信が実現できます。特に複数台のカメラやマイクを利用する際は、エンコーダ配信が必須と考えましょう。

ソフトウェアエンコーダ、ハードウェアエンコーダともにさまざまな種類がありますが、ここでは無料の配信ソフト**「OBS Studio」**(https://obsproject.com/ja)を使って、エンコーダ配信するまでの流れを紹介します。なお、ここでは分かりやすいようにカメラとマイクを1台ずつ使用しています。

▶ ウェブカメラ配信とエンコーダ配信

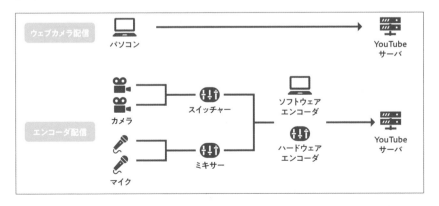

OBS Studio の初期設定を行う

OBS Studioをインストールして起動したら、初回のみ自動構成ウィザードが起動します。配信サイト（YouTube）とOBS Studioを連携するための**ストリームキー**を設定しましょう。

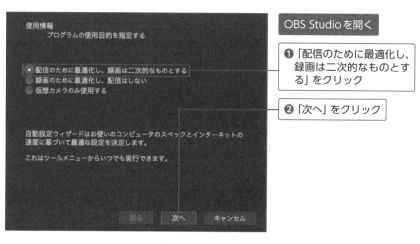

OBS Studioを開く

❶「配信のために最適化し、録画は二次的なものとする」をクリック

❷「次へ」をクリック

❸「サービス」を「YouTube-RTMPS」に設定

❹「ストリームキーを取得」をクリック

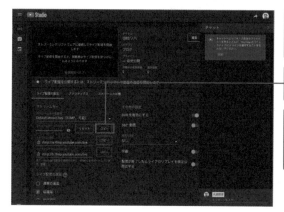

ブラウザが起動し、YouTube Studioの「エンコーダ配信設定」画面が表示される

❺「ストリームキー」の「コピー」をクリック

OBS Studioに戻り、「ストリームキー」欄にペーストするとストリームキーが設定される

配信の詳細を設定する

続いて、エンコーダ配信の詳細を設定しましょう。具体的には、エンコーダ配信
で利用する**カメラとマイク**を設定します。

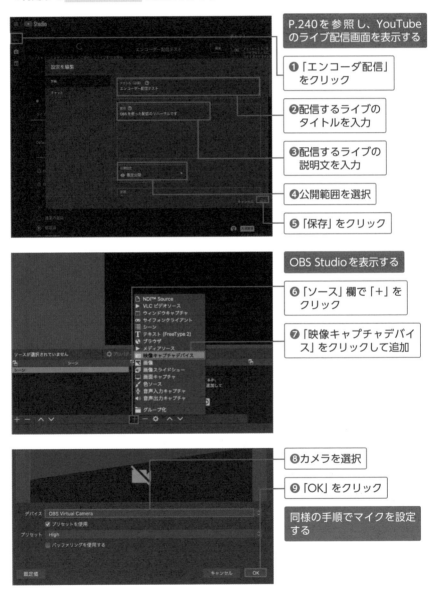

P.240を参照し、YouTube
のライブ配信画面を表示する

❶「エンコーダ配信」
をクリック

❷配信するライブの
タイトルを入力

❸配信するライブの
説明文を入力

❹公開範囲を選択

❺「保存」をクリック

OBS Studioを表示する

❻「ソース」欄で「＋」を
クリック

❼「映像キャプチャデバイ
ス」をクリックして追加

❽カメラを選択

❾「OK」をクリック

同様の手順でマイクを設定
する

OBS Studioのモニター上にカメラの映像が表示され、下部のマイクのレベルメーターが動いていれば準備完了です。

エンコーダ配信を行う

　実際に配信を始めましょう。OBS Studio側で「配信開始」ボタンを押すと、YouTubeへのデータ送信が始まります。なお、ボタンを押した時点で**配信は開始**されています。YouTube側でまだ反応がなくても、トークを始めてください。

　配信終了時は、**YouTube Studio側で終了**しましょう。OBS Studio側で配信を終了してしまうと、映像と音声が切れた状態で配信が続くという状態になります。

OBS Studioにて「配信開始」のボタンを押すと、YouTubeへのデータ送信が始まります。配信はこの時点から始まります。

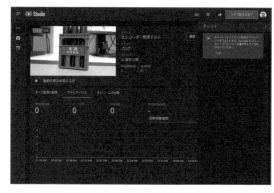

YouTube Studioのエンコーダ配信画面です。ダッシュボード上にOBS Studioから送られた映像が表示され、配信中の状態になります。視聴者数やチャット欄は随時更新されます。配信を終了する際は、先にYouTube Studioの「ライブ配信を終了」をクリックします。

スマホから
ライブ配信しよう

#Win #Mac #iPhone #Android

スマホからライブ配信を行うには、一定の条件を満たす必要があります。ただその条件を満たしていない場合でも、特定のアプリを使うことで、ライブ配信を行うことができます。

スマホですぐにライブ配信ができる裏技

スマホ版のYouTubeアプリにもライブ配信機能はありますが、下記のような一定の条件を満たさないと利用することができません。

▶ スマホのYouTubeアプリでYouTubeライブを行う条件

・チャンネル登録者数が1,000人以上
・過去90日以内にチャンネルにライブ配信に関する制限が適用されていない
・チャンネルの確認（電話番号等の登録）が行われている
・スマホのOSがiOS8、Android 5.0以降

しかし、前項でも解説済みの**エンコーダ配信**を行うことで、条件を満たしていないアカウントでもスマホでのライブ配信が可能です。ここでは、エンコーダ配信が可能なiPhone専用のアプリ「**Wirecast Go**」(http://www.telestream.net/wirecast-go/overview.htm)を紹介します。なお、エンコーダ配信機能（RTMP機能）は有料（¥730、税込み）です。条件は満たしていないがどうしても早々にスマホから配信したいという場合に検討しましょう。

「Wirecast Go」でスマホからエンコーダ配信を行う

Wirecast Goを起動したら、「Enable Camera」と「Enable Microphone」でカメラとマイクのアクセスを許可しましょう（初回起動時のみ）。「Start broadcast」から**URL**と**ストリームキー**を設定し、ライブ配信をスタートします。

❶ここをタップ

❷「Add New Server」を
タップ

「Purchase Wirecast Go」
という購入画面が表示され
たら、「¥730」をタップし
て有料版を購入する

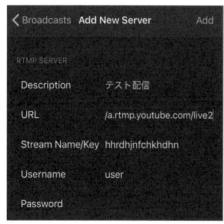

以下の項目を入力します（UsernameとPassword
は空欄で構いません）。入力が終わったら「Add」
をタップし、設定されたサーバ名をタップする
と、ライブ配信が始まります。

Description：ライブ配信の説明文

URL：rtmp://a.rtmp.youtube.com/live2

Stream Name/Key：ストリームキー（P.243と同
じもの）

配信が開始されると、YouTube Studioの「エ
ンコーダ配信」画面でも確認できます。

247

ライブ配信における進行のポイントとは？

#Win #Mac #iPhone #Android

ライブ配信は、後で編集できる収録動画と違って一発勝負。ぶっつけ本番でグダグダになりがちなので、各種の準備を事前にしっかり整え、スムーズな進行に努めましょう。

初心者ほど「素材」を活用しよう

　ライブ配信が初めての場合、「**慣れるまでは、カメラに向かってしゃべるだけのシンプルな配信にしよう**」と思いがちです。実は、そうしたシンプルな形態ほどトーク力や臨機応変な対応が求められます。慣れていない人がそれをしてしまうと、まとまりのない配信になってしまう可能性が高いので避けるべきです。事前に進行や時間配分などを計画しておきましょう。例えば生放送で行われるテレビの報道番組なども、事前に取材したVTRを流すなど、あらかじめ準備した動画の再生を一部交えた構成です。こうすることで、時間の長い配信も比較的負担を小さくして行うことが可能なのです。事前に、テーマに沿った動画を制作しておくことをおすすめします。

　最も避けたいのは、**映像や音声が全く出ていない**、またはトラブルに対応するために**右往左往する様子だけが延々と配信されてしまう**ような状態です。こうなると、せっかくライブ配信に参加してくれた視聴者が離脱してしまいます。トラブル時に表示する「**しばらくお待ちください**」の画像をあらかじめ用意し、やむを得ない場合はそれを表示するだけで、早々の離脱を大きく抑えることが可能です。

　いずれの対応も、配信ソフトを使うことで対応可能です。ここでは、**OBS Studio**（P.242参照）を使って解説します。

配信者側で気付かなくとも、実際の配信では映像や音に異常が出ている場合があります。配信に利用する端末のほか、何かしらの端末で実際の配信も確認しましょう。人員に余裕がある場合、配信確認やチャットの返答などを行う担当者がいるとより安心です。

ライブ配信で役立つ動画や画像

　配信は**全て生である必要はなく**、リアルタイムと収録済みの動画を交えて構成すると、配信側が少人数でも飽きさせない構成になります。事前に、テーマに沿った動画を制作しておくことをおすすめします。

　配信開始前や、トラブルがあったときに表示する「**しばらくお待ちください**」という旨が書かれている画像も有用です。PART 6のサムネイル画像の制作方法を参考に、静止画を作っておきましょう。

OBS Studioでは「シーン」を追加し、それぞれに制作済みの動画や静止画を割り当てておきましょう。シーンをクリックすることで、配信する映像を切り替えられます。

「シーン」に動画や静止画を割り当てるには、カメラやマイクの設定（P.244参照）と同様に「ソース」を追加します。動画を割り当てるには、「メディアソース」をクリックし、追加したいファイルを選択しましょう。

静止画を割り当てるには、「ソース」の追加で「画像」を選択しましょう。実際に静止画を配信するには、静止画を登録したシーンをクリックします。配信を再開するには、カメラやマイクが登録されている配信用のシーンをクリックして切り替えましょう。

ライブ配信動画を
高画質に保存したい！

#Win #Mac #iPhone #Android

ライブ配信の内容を動画ファイルとして残しておき、後で視聴したいという場合もあるでしょう。パソコンで録画することで、画質を保ち、遅延などがない状態で保存できます。

YouTubeのアーカイブ機能が持つ弱点

　YouTube ライブは、そのままYouTubeのシステム側で録画され**アーカイブ**として残すことができますが、いくつか弱点も存在します。最大の弱点は、配信中にネット回線の混雑などが原因で、YouTubeのサーバに配信データが届く前に**コマ落ちや音の途切れ**などが発生した場合、**アーカイブにも残ってしまう**という点です。それらはライブ配信中ならある程度視聴者にも許容されやすいのですが、通常の動画ではストレスの元になります。

　そこでおすすめなのが、配信と同時に**パソコン側でも録画を行う**という手法。P.242で紹介した配信ソフトOBS Studioは録画機能を持っているため、例えばYouTube側に送る際に回線の都合で途切れた部分も、パソコンでの録画では途切れなく収録されます。生配信時に途切れて完全に視聴できなかった人へのフォローにもなりますし、設定によっては配信よりもさらに高品質に録画することも可能です。ただし多少パソコンへの負荷が大きくなるので、何度かテストを繰り返してみることをおすすめします。

　パソコンのストレージ容量については、例えばHDDの場合は4TB程度あると安心です。おすすめのパソコンのスペックについては、P.135を参照してください。

「OBS Studio」で高品質に保存する

　OBS Studioでは、「録画開始」ボタンを押すだけで録画を開始できます。初期状態では、YouTubeのサーバに送信される動画データと同じ品質のデータがパソコン内に記録されます。**詳細モード**にすることで、好みの設定で録画できます。

　録画中は、録画時間と共にCPUへの負荷も表示されます。50%を超えるようだと

パソコン全体の動作が遅くなり、映像が止まる、音声が途切れるなど配信にも悪影響が出る場合があります。「CPU使用のプリセット」を調整するなどで対処しましょう。

▶ 録画を開始・終了する

OBS Studioを表示する

❶「録画開始」をクリック

ボタンが「録画終了」に変わる。終了する際は「録画終了」をクリックする

HINT

OBS Studioは動画の配信を開始していない状態でも、「録画開始」ボタンをクリックして画面の状態をまるごと録画できます。例えば、OBS Studioで画面に文字を入れた状態で録画すると後の編集作業で文字を入れる必要がなく、作業そのものの時間や動画の書き出し時間が短縮できるといったメリットもあります。

▶ 設定を変更する

録画のフォーマットは、**mov**や**mp4**に設定するとほとんどの動画編集ソフトで読み込めるのでおすすめです。ビットレートは、フルHDの場合**24000kbps**程度に設定しておくと、多くのケースでほぼ劣化を感じない画質に録画できます。

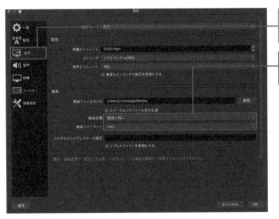

❶「設定」→「出力」をクリック

初期設定では配信と同じ品質のデータが保存される

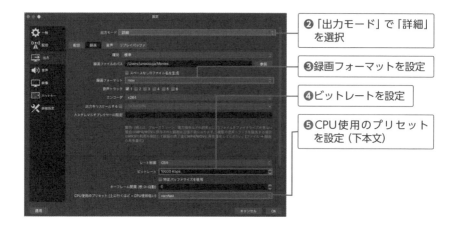

❷「出力モード」で「詳細」を選択

❸録画フォーマットを設定

❹ビットレートを設定

❺CPU使用のプリセットを設定（下本文）

▶ CPUのプリセットを調整する

CPU使用のプリセットとは、CPU使用率に基づいた画質設定のことです。OBS Studioにはいくつかのプリセットが用意されています。プリセットを下げるほどCPUの使用率が下がるので動作は軽くなりますが、その分録画した動画の画質も低くなってしまいます。初めは「medium」や「fast」で設定しておき、配信中にCPUの使用率が50%を超えるようなら「veryfast」「superfast」「ultrafast」（順に負荷が軽くなる）に変更するとよいでしょう。

ライブ配信中は右下にCPUの使用率が表示されます。動作が重く感じるならチェックしてみましょう。

索引

STAFF LIST

カバーデザイン	小口翔平＋奈良岡菜摘＋三沢稜（tobufune）
本文デザイン・DTP	株式会社リブロワークス
校正	聚珍社
デザイン制作室	今津幸弘、鈴木 薫
制作担当デスク	柏倉真理子
編集	小山哲太郎＋菅井未央 （株式会社リブロワークス）
編集長	柳沼俊宏

■商品に関する問い合わせ先

このたびは弊社商品をご購入いただきありがとうございます。本書の内容などに関するお問い合わせは、下記のURLまたはQRコードにある問い合わせフォームからお送りください。

https://book.impress.co.jp/info/

上記フォームがご利用頂けない場合のメールでの問い合わせ先
info@impress.co.jp

※お問い合わせの際は、書名、ISBN、お名前、お電話番号、メールアドレスに加えて、「該当するページ」と「具体的なご質問内容」「お使いの動作環境」を必ずご明記ください。なお、本書の範囲を超えるご質問にはお答えできないのでご了承ください。

● 電話やFAXでのご質問には対応しておりません。また、封書でのお問い合わせは回答までに日数をいただく場合があります。あらかじめご了承ください。
● インプレスブックスの本書情報ページ https://book.impress.co.jp/books/1120101096 では、本書のサポート情報や正誤表・訂正情報などを提供しています。あわせてご確認ください。
● 本書の奥付に記載されている初版発行日から3年が経過した場合、もしくは本書で紹介している製品やサービスについて提供会社によるサポートが終了した場合はご質問にお答えできない場合があります。

■落丁・乱丁本などの問い合わせ先
FAX：03-6837-5023
service@impress.co.jp

※古書店で購入された商品はお取り替えできません。

YouTuberの教科書 視聴者がグングン増える！
撮影・編集・運営テクニック

2021年 9月21日　初版発行
2022年11月11日　第1版第4刷発行

著　者	大須賀淳
発行人	小川 亨
編集人	高橋隆志
発行所	株式会社インプレス
	〒101-0051　東京都千代田区神田神保町一丁目105番地
	ホームページ　https://book.impress.co.jp/
印刷所	音羽印刷株式会社